让催眠
走进生活

——你不知道的得觉催眠

格桑泽仁 ◎ 著

上海交通大学出版社
SHANGHAI JIAO TONG UNIVERSITY PRESS

内容提要

"得觉催眠"是四川大学格桑泽仁教授自创的一套催眠理论体系。在"得觉"的视角里，催眠是一种独特的清醒，一种放松、自由思维的状态，还是"自""我"和谐、自我控制力增强的状态。得觉催眠来源于生活，根植于生活，立体、灵活地运用生活中各种可以利用的元素、工具，在不知不觉中对人进行催眠，在无形之间对人进行正向引导，帮助人开启新的生命模式，提升自己的生命层次。《让催眠走进生活——你不知道的得觉催眠》是"得觉"心理丛书中推出的首部著作，它将带你认识得觉催眠，帮助你学习如何催眠。本书适合催眠师、催眠研究者、心理咨询师、催眠爱好者等使用。

图书在版编目（CIP）数据

让催眠走进生活 : 你不知道的得觉催眠 / 格桑泽仁著 . -- 上海 : 上海交通大学出版社 , 2024. 10-- ISBN 978-7-313-31658-5

Ⅰ . B841.4

中国国家版本馆 CIP 数据核字第 2024C4E854 号

让催眠走进生活——你不知道的得觉催眠

RANG CUIMIAN ZOUJIN SHENGHUO — NI BU ZHIDAO DE DEJUE CUIMIAN

著　者：格桑泽仁

出版发行：上海交通大学出版社　　　地　址：上海市番禺路 951 号

邮政编码：200030　　　　　　　　　电　话：021-64071208

印　制：四川省平轩印务有限公司　　经　销：全国新华书店

开　本：710mm×1000mm　1/16　　　印　张：12.75

字　数：183 千字

版　次：2024 年 10 月第 1 版　　　　印　次：2024 年 10 月第 1 次印刷

书　号：ISBN 978-7-313-31658-5

定　价：68.00 元

前　言

催眠从其诞生之日起，就笼罩着一层神秘的面纱。催眠是什么？人被催眠后会发生什么？催眠会让人失去知觉吗？催眠就是睡觉吗？人被催眠后，会任人摆布吗？会变得心智低下吗？会失去自我控制吗？许多人对催眠既好奇，又恐惧。

其实，催眠不仅是一种专业技能，它也广泛存在于人们日常生活的各个方面，比如发呆时、做白日梦时、高速驾驶汽车时、看电影电视入迷时、全情地投入一项运动时、瑜伽状态中等。催眠作为一种现象其实无处不在，只是我们常常身处其中而不觉知。

看到这里，许多读者可能迷糊了，这也是催眠，那也是催眠，催眠还有那么多方法和流派，那么，我们怎么认识催眠？什么是"得觉催眠"？它和其他流派的催眠有什么区别？"得觉"是四川大学格桑泽仁教授历时二十年，汲取中华传统文化的哲学思想和生活智慧，于二十世纪九十年代末创立的一套不同于西方思维模式的当代原创心理学理论。这一理论体系被命名为"得觉"，并于2001年注册了文化商标。在"得觉"的视角里，催眠是一种独特的清醒状态，一种放松状态，一种自由思维的状态，一种激发潜能的状态，还是"自""我"和谐、自我控制力增强的状态。得觉催眠不同于传统的各流派，它不仅是一套技术，其背后还有一套完整的哲学思想体系作支撑。得觉催眠来源于生活，根植于生活，立体、灵活地运用生活中各种可以利用的元素、工具，在不知不觉中对人进行催眠，而无须借助于专门的工具，不受限于专门的场地。得觉催眠，可以随时随地进行，可以在无形之间对人进行正向引导，帮助人开启新的生命模式，提升自己的生命层次。

目　录

001 | 第一章
得觉催眠概论

　　第一节　催眠源起与发展简史　　　　　| 002

　　第二节　中国传统文化中的催眠　　　　| 009

　　第三节　催眠界定与得觉催眠　　　　　| 018

　　第四节　得觉催眠的适用范围　　　　　| 027

033 | 第二章
得觉催眠的理论基础

　　第一节　得觉四大基础理论　　　　　　| 034

　　第二节　得觉自我理论内涵　　　　　　| 041

　　第三节　得觉催眠的基本观点　　　　　| 050

　　第四节　得觉催眠的主要特点　　　　　| 058

063 | 第三章
得觉催眠的实施

　　第一节　得觉催眠的实施步骤　　　　　| 064

　　第二节　得觉催眠的方法　　　　　　　| 069

　　第三节　得觉催眠的语言使用　　　　　| 082

103 | 第四章
得觉催眠在生活中的应用

　　第一节　得觉自我催眠　　　　　　　　| 104

　　第二节　得觉集体催眠　　　　　　　　| 128

　　第三节　得觉催眠在生活中的应用技巧　| 150

163 第五章
得觉催眠师的基本素养
　　第一节　得觉催眠师的基本条件　　　| 164
　　第二节　得觉催眠师的个人成长　　　| 168
　　第三节　得觉催眠师的德性训练　　　| 173
　　第四节　得觉催眠师的伦理素养　　　| 178

185 附录
　　典型案例一　得觉催眠治疗术前恐惧症　　| 186
　　典型案例二　得觉催眠治疗某警察地震创伤　| 190
　　典型案例三　得觉催眠治疗老妈妈地震心理创伤 | 193

195 参考文献

197 后记

第一章

催眠与得觉催眠概论

催眠是一门历史悠久而又"年轻"的学问。历史悠久是因为催眠跟人类生活一样，有着数千年的历史。"年轻"是因为催眠被近代西方科学界定义并研究的历史仅有二百多年。得觉催眠是由四川大学格桑泽仁教授独创的一套具有东方文化特色的现代催眠理论与实践体系。了解得觉催眠，势必需要了解催眠的历史与发展。

第一节　催眠源起与发展简史

催眠很早就在人类生活中出现了，但长期笼罩着神秘的色彩。它虽在民间传播，但一般没有系统的文字记载。

早在古希腊、古埃及、古罗马时期，一种被称为"寺院睡眠"的治疗仪式中就包含有催眠的成分，一般由宗教中的僧侣操纵完成，用于布教、占卜和治疗。中医典籍《黄帝内经》中就有运用一边念咒一边将手去抚摸患者的医疗手段，这也有催眠的性质。

中世纪以前，由于受当时科学技术水平的限制，人们习惯用"神""魔"来解释人类的催眠现象，这和我们现在所研究的催眠不尽相同。目前大部分学者认为现代催眠源起于十八世纪奥地利医生麦斯麦。

一、催眠术源起麦斯麦术

麦斯麦术亦称"通磁术"，是催眠术的早期形式。它是由奥地利精神科医师弗朗兹·安东·麦斯麦（Franz Anton Mesmer，1734—1815）发现的。

麦斯麦出生在德国，早年修习神学与哲学，对占星术有一定的研究。1759年赴维也纳学习法学，因发现自己的兴趣更近于医学，遂转入维也纳医学院学习。1766年，麦斯麦以题为《行星对人体之影响的医学——生理学讨论》的论文获医学博士学位，后在维也纳开业行医。

麦斯麦根据英国科学家牛顿的力学原理，认为天空行星的磁力既然能影响地球上的潮汐变化，也会影响人体的功能（人体也像潮汐一样有规律地变化）。他相信人的身体就像一个磁场，有许多看不见的磁流像行星那样分布，当磁流分布不均匀时，人体就会生病。如果能用某种方法使身体磁流重新恢复均匀，就可以治疗好这些疾病。他在博士论文中提出"磁流理论"，以说明此种影响人体的超自然力量。

于是，麦斯麦开始使用"通磁术"为众多患者治疗，并在公开场合表演。因为治疗的效果非常好，他受到了如神明般的崇拜。为了应对愈来愈多的求诊者，麦斯麦还发明了一种集体施治的装置：即以一个大木桶装满铁砂、玻璃粉和水，在桶中竖立一根铁柱，再从铁柱周围延伸出许多根铁丝。施治时，每个病患将铁丝放在生病的部位，隔壁房间则传出柔美、单调的音乐，麦斯麦这时穿着丝绸黑袍现身，手里拿着短铁棒接触、按摩病患以"疏通其磁流液体"，一边用锐利的眼光看着病患，一边绕着病患走。一段时间之后，有的病患会出现颤抖、尖叫、哭泣、出汗、全身痉挛等现象，麦斯麦认为这是疾病痊愈的现象，致病的磁流会透过震动随着汗水流出体外，使体内的磁流恢复平衡，疾病也就不药而愈。

随着麦斯麦名气愈来愈大，他的治疗方法也很快声名大噪，不仅在奥地利，而且在法国、英国、德国等很多国家中广泛传播，这一方法遂被称为麦斯麦术（Mesmerism）。1775年，麦斯麦修改了他的磁流理论，提出"动物磁力说"（Animal Magnetism）。他认为动物磁力也和金属磁力一样起作用，于是他就在用磁石来触碰、按摩病人身体治疗的基础上，开始以他本人为磁源对病人进行治疗。在前后两种不同磁源诊疗中，麦斯麦都发现了我们现今所见到的催眠状态。

不幸的是麦斯麦没有随着催眠实际的发展而提升他的理论，始终固守他的"磁流理论"。同时麦斯麦的巨大成功引来了教会和医学同行们的妒忌，1778年，他被迫离开维也纳来到法国。在法国，他又很快受到人们的极大推崇。法国科学院也开始调查他所使用的方法。一个包括本杰明·富兰克林（Benjamin Franklin）在内的以科学家为主的调查小组成立了。1784年，调查小组得出结论，他们认为，麦斯麦的巨大疗效并不来自磁铁，而是与想象和暗示有关。调查小组的报告终结了人们对磁力的迷信，同时也让麦斯麦和"江湖骗子"挂上了钩，麦斯麦的声名自此一落千丈。之后，他迁居瑞士，于1815年郁郁而终。

所幸的是，麦斯麦的跟随者继续发展着他的理论。其徒弟M. 皮杰格（M. Puysegur）在使用麦斯麦术为一位二十三岁的农夫治病时，观察到受治疗者进入了一种类似睡眠的状态，在此状态下，受治疗者只能听到治疗者的话而听不到别人的言语，并且对治疗者的指令言听计从，清醒之后却不记得其接受治疗过程中发生的事情。皮杰格将具备这三种条件的状态称为"梦游状态"。

虽然麦斯麦从未意识到自己是以催眠术治疗疾病，但他确实在催眠史上占有先驱者的重要地位。他的"动物磁力说"观点持续了两个多世纪。麦斯麦术也被认为是催眠术的科学萌芽阶段。

二、催眠术创始人布雷德

犹如冯特将心理学带进实验室使其获得新生一样，将催眠带入科学殿堂的是一个叫詹姆斯·布雷德（Dr. James Braid，1795—1860）的医生。他被认为是现代催眠术的创始人。他首创了"催眠"一词。催眠术的英语是hypnotism，来源于希腊词hypnos，意思是睡眠。布雷德医生的最基本的发现之一，就是催眠状态可以无需通过任何引导仪式或步骤而轻松达成。

1841年，布雷德医生对催眠产生兴趣之时正在英国的曼彻斯特工作。他观看了卖弄张扬的法国麦斯麦术师查尔斯·得·拉封丹纳（Charles de Lafontaine）的表演，起初是半信半疑。然而，在后来与拉封丹纳及其同事的一次私人会面中，这个法国术师使其追随者陷入了深深的恍惚中，这使布雷德深信其中确实存在着值得研究的科学现象。布雷德医生急于弄懂他的亲眼所见，对麦斯麦术进行了两年试验后，1843年，他出版了以此为主题的书——《神经催眠学》。他在这本书中首次使用了"催眠术""催眠者"等术语。

布雷德医生发现，当人的精神高度集中在某一个想法、念头或口头的建议上时，就能够进入催眠状态。他认为，麦斯麦术师们治疗时的磁性现象与磁性治疗师或治疗师传给病人的神秘器具无关，磁性现象的产生与否取决于病人本身的生理和心理状况。在治疗中，布雷德医生不像麦斯麦术师那样抚摸患者，而是让患者把注意力集中在一件物体上——通常是他放置手术刀的盒子——从而使其进入恍惚状态。他清楚地认识到心灵的力量可以影响到身体，而不像麦斯麦认为存在超自然的力量。

随着时间的推移，布雷德医生逐步意识到，催眠现象完全是主观的，催眠师是通过建议影响被催眠者而不是通过任何其他物件。他进一步提出了"神经性睡眠"的概念，指出必定存在着来自催眠者凝视置于其视线上的可视物体，诱导产生神经性睡眠。同时，布雷德医生也发现，催眠不是睡眠，催眠的关键在于暗示。此后，布雷德医生尝试将"催眠"一词改为更贴切的"单一思想状态"，但他没有成功，因为"催眠"一词早已广为使用。

布雷德医生是第一位真正的现代催眠学家，他把催眠从"江湖医术"带入清晰的科学领域。在他之后，涌现出众多知名的催眠研究者和催眠学校，让现代催眠学得到不断的发展。布雷德医生同时还是自我暗示术的先导者，在他的倡导下，学界对催眠术的解释转向了心理学领域，对催眠术的研究开始步入正轨。

三、巴黎学派与南锡学派

在十九世纪后半叶，围绕催眠的性质及其功用等方面的争论一直继续着。最有名且最重要的争论是在巴黎学派与南锡学派之间进行的。

巴黎学派的代表人物是法国有名的神经学家让-马丁·夏科特（Jean-Martin Charcot）。他认为催眠是有病的神经系统的产物，因而催眠现象具有不正常的生理基础。简单说，催眠现象都是病理性的，只能在歇斯底里的患者身上见效。虽然夏科特在去世前承认他的看法是错的，但是他的研究促进了催眠术的发展，使之成为医学界可以接受的、合法的研究对象。夏科特对催眠状态的几种生理变化进行了研究，他提出催眠常呈三种阶段，即嗜眠阶段、僵直性昏厥阶段和放松睡眠阶段。

南锡学派与巴黎学派不同，他们研究催眠术偏重心理的方面。南锡学派的开山人物是昂布鲁瓦兹-奥古斯特·李厄保（Ambroise-Auguste Liébeault），他也是第一个正式把催眠应用于心理治疗的人。其传人希波莱特·伯恩海姆（Hippolyte Bernheim）被认为是此派的领袖。南锡学派相信所有的催眠现象，包括催眠术都是由暗示所引起的完全正常的效应，90%以上的人都可被催眠，可见催眠现象是非病理性的；催成的睡眠与天然的睡眠并无二致；睡眠中的暗示受感力特强，所以观念立即实现于动作；当实施催眠时，如果给患者提供新的看法和信仰，他们无疑会接受——这几点是南锡学派的基本信条。

伯恩海姆发现一些人即便不入睡也可接受暗示，因此他定义"催眠"为：增加暗示感受性的特殊心理情境之引起。李厄保和伯恩海姆还通过研究发现，有些病例经催眠治疗后症状复发，但有些病例的疗效似乎是永久性的。

在这场激烈的争论中，南锡学派获得了最终胜利。其有关心理学的解释成为一种被普遍接受的学说，这也使许多人相信催眠仅仅是一种暗示的技术。

四、弗洛伊德与催眠术

西格蒙德·弗洛伊德（Sigmund Freud，1856—1939）以精神分析享誉天下，其实，他与催眠术之间亦有一段不解之缘。

　　1885年，年轻的弗洛伊德拜师于著名的夏科特教授，从事神经病的学习与研究。1886年，弗洛伊德从巴黎回维也纳后，开设私人诊所。在实践中，他发现当时流行的传统电疗法的效果很有限。从1887年12月开始，弗洛伊德更集中地使用催眠疗法。

　　为了介绍和推广使用催眠法和暗示法，弗洛伊德在1888年把伯恩海姆的著作《暗示及其治疗效果》翻译成德文，并写了详细的序文。针对南锡学派与巴黎学派之间的分歧，弗洛伊德倾向于认为催眠主要是心理方面的，而不是生理方面的，尽管其中包含着神经与肌肉的过度兴奋状态。为了进一步研究催眠及其治疗机制，弗洛伊德于1889年夏带着一位病人到法国南锡，向那里的催眠大师们求教。

　　不过在随后的治疗实践和研究中，弗洛伊德认识到催眠术治疗也有一定的局限性，因为有些病人不容易被催眠。随后他慢慢地步入了新的研究轨道——精神分析理论。弗洛伊德曾说，真正的精神分析，开始于放弃催眠术。但这种放弃并非完全否定，而应看作是一种超越，是对催眠术的扬弃。在以后的研究中，弗洛伊德并没有忘记催眠术带给他的深刻启示。

　　弗洛伊德正是从催眠现象的研究中发现并发展了潜意识理论。在他的自由联想法中，依稀可以看到催眠术的影子。甚至有人认为自由联想法实际上就是一种催眠法，而那些接受精神分析的人都是处在轻度催眠状态之中的人。

　　1900年弗洛伊德发表《释梦》，开始奠定精神分析学说。后来，随着弗洛伊德的精神分析学派的兴起以及他对催眠作用的漠视，催眠在心理治疗上的地位逐渐丧失。在第二次世界大战（简称"二战"）期间，大量的士兵因战争而造成了神经机能病，而心理治疗师的短缺使人们把视线转向催眠等简快的治疗手段上，催眠所带来的极佳治疗效果，让人们重新认识了催眠。

　　总的说来，在十九世纪，催眠术曾是学术界与医学界的一个研究热点。进入二十世纪后，催眠在治疗精神病方面受到一些重视与应用，并取得了一些成功。

1933年美国心理学家克拉克·L.赫尔（Clark L. Hull）出版了《催眠术和暗示》，此书以一种明确的方式说明了催眠术是科学研究的一种合适的课题，它的出版使得美国成了科学催眠术的研究中心。二战以后，有关催眠学的学术氛围有了很大变化。1955年和1958年，英国医学协会和美国医学协会正式肯定了催眠技术，从此催眠术被推广开来。

五、现代催眠之父艾瑞克森

到了二十世纪，美国心理治疗师米尔顿·H.艾瑞克森（Dr. Milton H. Erickson，1901—1980）医生在发展新的催眠诱导方式与应用上有非凡的创见。他在催眠和心理治疗中注入新的元素，把催眠提升到了新的层次，这不仅彻底颠覆了传统催眠的方法，并且让人们对潜意识和意识的关系有了更进一步的认识，树立起了催眠在心理治疗和个人成长领域中的地位。

艾瑞克森出生于美国内华达州的一个农场。他小时候患有诵读困难症、色盲症，还有辨别声音的困难。从六岁起，别人对他讲话，他就和别人一起呼吸。十七岁时他不幸患上脊髓灰质炎，全身瘫痪，能动的地方只有眼睛。身体上的疾病和疼痛，锻炼并激发了他顽强的生命力和敏锐的观察力，在康复的过程中，他认识到了人类潜意识的强大。

1923年，艾瑞克森开始研究传统催眠术，虽然没有师承于名家，但他在自我锤炼中成为二十世纪催眠界的领导人物。他以病患关系为出发点，在完全尊重病人的基础上，发展出了自然催眠法。他擅长将故事和隐喻治疗用在催眠中，提出每个人都有解决问题所必需的资源。他会在催眠时创造情境，让病人自发地理解到他们之前未发觉的改变潜能。艾瑞克森催眠诱导语和催眠治疗方法极具独创性，在某种意义上可以说是催眠概念的革命。

艾瑞克森是五本催眠书籍的共同作者，发表了超过一百三十篇专业文献，其中大部分是关于催眠治疗的。他是美国临床催眠学会的创办人和第一任主席，同时创办了学会的官方刊物《美国临床催眠期刊》，并担任编辑长达十年。他让催眠取得了合法的地位，让催眠不再是"严肃的学术殿堂中的跳梁小丑"。

艾瑞克森在催眠史和心理治疗史上是一位独具影响力的人物，也是世界闻名的医学催眠大师，因常常奇迹般治好了那些被认为是"毫无希望"的病人而闻名遐迩。他被认为是一位最具创新力和灵活性的心理治疗大师和催眠治疗家，被誉为世界上最伟大的沟通者和"现代催眠之父"。他的催眠技法被称为"艾瑞克森式催眠"。

近年来，随着现代科学技术的发展，人们对催眠术的研究越来越深入，应用越来越广泛，范围不断拓展，催眠术也迎来了一个新的发展时期。

第二节　中国传统文化中的催眠

在我国上古时代就有催眠现象存在，如由黄帝时代开始流行于民间的"祝由术"，就近似于现代的催眠术。

我国开始对催眠进行真正有系统的研究是在二十世纪初。1909年，余萍客、刘钰墀等人首先创建了"中国心灵俱乐部"（后改为"中国心灵研究会"），开展心理与催眠的研究工作，出版有关催眠刊物六十余种。1931年，余萍客出版的《催眠术讲义》是我国第一本催眠术专著，之后，催眠术才成为一门学科在国内发展起来。1949年后，由于种种原因，催眠术实践和研究工作中断，改革开放后才得以恢复和发展。

正如"事实总发生在科学之前"，虽然催眠在中国很晚才形成科学的系统，但人们对催眠的应用可以追溯到上古时代，它在中国文化形成的过程中画下了浓重的一笔。

一、中国神话故事中的催眠

人类的祖先从自然界中站起来，建立了与自然系统不同的社会体系后，便开始用自己的方式去认识自然界——风雨雷电、日出日落、岁月更替、四季变换。此时再回头看自身，不禁产生了诸多疑问：人从何而来？为什么天生就是这样一个独立的个体？为什么有男人女人的区别……人们突然发现，自己所处的环境到处都是看不到的未知，于是一种难以名状的焦虑感充盈内心，这也就是我们常说的恐慌——其实我们小的时候都有过这样的体验，如当我们第一次单独睡觉时面对无边黑暗的害怕与忧心。但既然走出了由猿到人的第一步，人类就已经选择了改造自然这条路。这将是异常艰苦的过程，没有强大的支持系统人类是不可能走下去的。

人类最终选择了以内心作为一切力量的来源，开始不断地为自己编造各种各样的传奇故事。造人的神话、英雄的传说……故事有许多不同的内容，但每一个故事里主宰世界的都是长得像人但充满着神奇能量的神。人们不断地通过这些神看到自己战胜自然的各种场景，用神话的能量来暗示自己无所畏惧，从而获得强大的心理力量。

关于女娲的神话，就是其中的一个典型。在女娲存在的那个时代，人类似乎遭遇了"地球翻转"一般的重大自然灾难，当时"天崩地塌，大火燃烧，洪水泛滥，恶禽猛兽残害生灵"。我们暂且不管祖先怎样度过这样的灾难，总之他们生存了下来，而且还得继续面对自然的考验。在这样的情况下，如果没有足够的信心与勇气，显然是无法生存的。当时正处于母系社会时期，于是女英雄女娲便以无所不能、拯救世界的形象在人群中流传开来，人们用"我们有女娲护佑"给自己心理暗示，从而获得安全感——这就是我们所说的自我催眠。同样，人们用"女娲造人"来解释人类的诞生与生殖繁衍，也是自我催眠。因为有了"合理"的答案，人们才不会陷入面对无知的恐惧之中，这一点在现代心理学中是作为相当重要的一个现象来进行研究的。

显然，在中国家喻户晓的女娲造人的神话是古人编造出来的。可是，为何我们的祖先会编造这样的故事呢？其实，这就是古人们对自己的一种催眠。

上古时期，刚刚从野兽进化成为灵长动物的人类对于自然的认知水平相当低下。因此，在面对日月星辰、风雨雷电等自然现象时，他们总是会莫名地感到恐惧。为了消除这种恐惧感，他们开始探索周围的一切。

当然，由于客观条件的限制，远古祖先们的这种探索显然不会有什么实质性的发现。毕竟只靠眼睛、耳朵所感知的世界，与其本来面目相差实在太远。为了弥补观察力的不足，人们便开始运用想象力来解释这些未知的事物，例如人类的诞生，风、雨、雷、电等自然现象的产生等。借助这种想象来进行自我催眠，以达到寻求安全感的目的。

在盘古开天辟地、女娲造人、女娲补天等诸多的神话当中，古人们用"神"的概念解释了世界的诞生、人类的起源、人类的生老病死等各种自然现象。虽然与实际情况相去甚远，但这无疑给诸多的未知作出了一个看似颇有几分道理的解释。其实，不仅仅是中国，全世界都有类似的神话故事，例如西方世界的上帝造人、希腊神话中的普罗米修斯和弟弟厄庇墨透斯合力塑造人……虽然故事各有不同，但都对世界和人类自我的起源做出了一种解释。

这样一来，当人们再面临这些问题的时候，便有了答案，至少不会再因此而感到无助与恐惧。久而久之，当这种解释通过一代代人不断地重复之后，便起到了深入人心的催眠效果，绝大多数人也就不会再去怀疑其真实性，因而成了远古人们获取安全感的精神来源。

更有意思的是，随着生产力水平的提高、人们抵抗自然灾害能力的增强，神话中神无所不能的色彩就逐渐变淡，而更加接近人类本身与实际的需求。比如后羿射日与女娲补天相比，后羿不再像女娲那样具有无边的神力，而是更多地依靠勇气、力量与工具战胜自然。之所以出现这样的变化，是因为此时人们更需要靠自身的力量创造更好的生活，后羿的成功是人类想要的成功，人们再次靠神话来进行自我催眠，进而获得改造自然的勇气与力量。

人类文明发展至今，许多关于自然、关于人类本身的问题已经被科学所解释，而神话则更多地被作为儿童的启蒙故事，因为这些故事不仅可以发挥其最初的作用——帮助懵懂的儿童认识世界，而且包含了在漫长的发展过程中来自人类祖先的最美好的东西——勇气和爱，这可以让儿童传承到世界上最美的东西。不仅仅限于儿童，这些传奇故事中的催眠因素在日常生活中也能给成年人带来不一样的力量。

二、中国儒释道经典中的催眠

2004年，凤凰卫视的《千禧之旅》节目组踏访世界文明古国的遗迹，结果发现：古埃及神秘的文明，如今只剩炎炎烈日下的断壁残垣与夜晚的风沙；古巴比伦辉煌的建筑与文物，早已在多次战乱中毁坏散落……许多我们熟知的历史古国已不复存在，唯有中国文化传承至今。中华文化经过百年战火的洗礼与外来文化的入侵后，不但没有被同化或消失，反而在新的时代中焕发异彩，像磁石一样吸引、影响着其他文化。

我们知道，任何一种文化的核心都在于"人"，文明的延续在于人的精神的传承。中华文化的精髓——儒、道，这两大起源于春秋战国的思想，早已融入了我们祖祖辈辈的生活当中，那么这样强大的"场"是怎样影响我们的呢？

道家以老子的学说为代表。那么，什么是"道"呢？许慎在《说文解字》中说："道，所行道也。从辵，从首。一达谓之道。""道"就是"达"，从字的结构上来看，"道"可拆为"首"与"走"，就是头在考虑走的地方，即自我发展的方向。综合两者，所谓道，就是指人在进行一切行为活动时的精神层面，就是教人心归自然，让自己的精神与天地统一起来，达到一种"你好，我好，世界好"的

"清静"状态。

儒家学说以孔子为代表，在儒家的经典理论中，有修身、齐家、治国、平天下这样四种人生境界。修身即完善自我，孔子给出了完善自我的两个关键标准——仁、礼，并将其作为后三者的基础。也就是说，无论齐家、治国，抑或平天下，关键都在于使人们讲求仁与礼。这四种境界实际上都是在讲个人价值实现的程度，为人们提供了在社会中发展的一种模式。

表面看来，儒与道两种学说似乎格格不入，但是几千年来道家与儒家的两种思想一直并肩前行，影响世人，关键一点就在于两种学说都追求"你好，我好，世界好"的和谐状态，只是各自关注的范围不同。这样一来，这两种思想就能从多个方面给人们以精神上的指导，从精神的各个角度给人以暗示。

儒家倡导人们出仕，即读书就是为了做官，在体现个人价值的同时获得地位与荣华富贵。于是，对于读书人来说，做官是再清晰不过的美好画面了，很多人甚至亲眼见证了身边的邻人和朋友拥有权力、财富、成就的场面。这种直接的刺激，最容易驱动人们去模仿儒学中所倡导的行为模式，经过多人（甚至几代人）重复之后，儒学就成为整个社会当中的无意识动力点，很多人想都不想就直奔升官发财的道路，这就形成了儒学的催眠效应。儒家的思想在一定程度上促进了社会的发展，然而权力、财富等毕竟不是每个人都能得到的。于是在这个发展过程中，虽然儒家本身倡导和谐礼让的道德趋向，但是人们对自身的关注还是达到了某种"狂热"的程度，致使欲念丛生。《淮南子·原道篇》中说："夫喜怒者，道之邪也；忧悲者，德之失也；好憎者，心之过也；嗜欲者，性之累也。人大怒破阴，大喜坠阳。薄气发暗，惊怖为狂；忧悲多患，病乃成积；好憎繁多，祸乃相随。"这里描述的就是因此而产生的精神状态。为了摆脱这种痛苦，人们又发现了道家思想的超然物外、清静无为。

"无为"不是什么都不做，而是放弃那些过分的欲念，将关注的点扩大到自然界，顺应世界的变化，回归"真我（自然属性）"。当那些遭受痛苦、失意的人遇到道家的理论时，往往发现这种"天人合一"的思想能够打开他们的思想，拓宽他们的视野，在自然界广阔的天地里，顺应发展而自然行事，更能带来精神上的轻松与快乐——这正是他们想要而没有得到的。于是，人们痛苦的精神在道家那里得到了自由。这样一种自我认同的状态，也同样吸引了大批追随者，在大众中形成了另外一个无意识场。这两种文化相辅相成，联系人、社会与自然，强大的无意识场形成了强烈的催眠效应。

三、中国历史故事中的催眠

在中国的历史故事中，也有催眠现象的体现，如周穆王西游的故事。周穆王本是一位特别爱玩的国君，一天，从遥远的西方来了个奇人，大家都叫他化人，他很是擅长变戏法，比如：跳进火中自己却丝毫无损；一跃站在云中；将城市从东方挪到西方，除此之外，他还会穿墙术。

周穆王对这些戏法深信不疑，认定化人是神仙下凡，无微不至地照顾他。一次，化人带着周穆王去到云里的宫殿游玩。看着眼前那些让人眼晕的光怪陆离的景致，听着让人心旌摇曳的乐声，周穆王心情虽然愉悦，但他还是明白此处不可久留，就请化人带他回去。这时，化人轻轻地推了周穆王一下，周穆王就觉得自己从半空中坠落，一下子就醒了。

此时，周穆王发现自己原来还在大殿上好好坐着，周围也没什么变化。周穆王心中有些疑惑，就问身边的人："我刚才去了哪里？"这些人回答道："大王并没有离开这里，只不过是打了个盹罢了。"这时，化人就给出了答案："我和大王只是神游，这是不需要身体移动的。"相传这位化人正是使用了催眠术来让周穆王神游。

又如唐明皇夜游月宫一事。唐代笔记小说《龙城录》中是这样记载的：是年八月中秋之夜，月色如银，万里一碧。玄宗在宫中赏月，笙歌进酒。凭着白玉栏杆，仰面看着，浩然长想。有词为证：桂花浮玉，正月满天街，夜凉如洗。风泛须眉透骨寒，人在水晶宫里。蛇龙偃蹇，观阙嵯峨，缥缈笙歌沸。霜华满地，欲跨彩云飞起。（调寄《醉江月》）玄宗不觉襟怀旷荡，便道："此月普照万方，如此光灿，其中必有非常好处。见说嫦娥窃药，奔在月宫，既有宫殿，定可游观。只是如何得上去？"急传旨宣召叶尊师，法善应召而至。玄宗问道："尊师有道术可使朕到月宫一游否？"法善道："这有何难？就请御驾启行。"说罢，将手中板笏一掷，现出一条雪链也似的银桥来，那头直接着月内。法善就扶着玄宗，踱上桥去，且是平稳好走，随走过处，桥便随灭。走得不上一里多路，到了一个所在，露下沾衣，寒气逼人，面前有座玲珑四柱牌楼。抬头看时，上面有个大匾额，乃是六个大金字。玄宗认着是"广寒清虚之府"六字，便同法善从大门走进来。看时，庭前是一株大桂树，扶疏遮荫，不知覆着多少里数。桂树之下，有无数白衣仙女，乘着白鸾在那里舞。这边庭阶上，又有一伙仙女，也如此打扮，各执乐器一件在那里奏乐，与舞的仙女相应。看见玄宗与法善走进来，也不惊异，也不招接，吹的自吹，舞的自舞。玄宗呆呆看着，法善指道："这些仙女，名为'素娥'，身上所穿白衣，叫做'霓裳羽衣'，所奏之曲，名曰《紫云曲》。"玄宗素晓音律，将两手按节，把乐声一一默记了。后来到宫中，传与杨太真，就名《霓裳羽衣曲》，流于乐府，为唐家稀有之音，这是后话。玄宗听罢仙曲，怕冷欲还。法善驾起两片彩云，稳如平地，不劳举步，已到人间。路过潞州城上，细听谯楼更鼓，已打三点。那月色一发明朗如昼，照得潞州城中纤毫皆见。但只夜深人静，四顾悄然。法善道："臣侍陛下夜临于此，此间人如何知道？适来陛下习听仙乐，何不于此试演一曲？"玄宗道："甚妙，甚妙。只方才不带得所用玉笛来。"法善道："玉笛何在？"玄宗道："在寝殿中。"法善道："这个不难。"将手指了一指，玉笛自云中坠下。玄宗大喜，接过手来，想着月中拍数，照依吹了一曲；又在袖中摸出数个金钱，洒将下去了，乘月回宫。

　　这个故事讲述了唐玄宗与申天师及道士鸿都在中秋望月，突然玄宗兴起游月宫之念，于是天师作法，三人一起步上青云，漫游月宫。在此之际，忽闻仙声阵阵，清丽奇绝，婉转动人！唐玄宗素来熟通音律，于是默记心中。这正是"此曲只应天上有，人间能得几回闻"，日后玄宗回忆月宫仙娥的音乐歌声，自己又谱曲编舞，这便是历史上有名的《霓裳羽衣曲》。相传这可能是道士使用了催眠术，在暗示下使唐明皇出现各种神奇的幻觉。

四、中国四大名著中的催眠

四大名著是中国文学作品最瑰丽的宝藏之一，虽然成书于几百年前，但从古至今一直受到读者的喜欢，让许多人为之痴迷。出现这样的现象，必然存在催眠效应。

首先是爱情小说的代表作《红楼梦》。《红楼梦》数百年来最吸引人的地方，莫过于书中人物的爱情故事。故事中男男女女之间悲欢离合的故事之所以吸引读者，主要是因为人们内心的一种"弥补缺憾"的情结。在生活中，我们往往无法遇到宛若童话故事般理想的或凄美悱恻的爱情，当看到这样的情节在书中出现时，补缺情结就会发挥作用，让我们不自觉地将自己带入书中，将自己想象为贾宝玉或者林黛玉，用他们的爱情来弥补自身爱情的缺憾，通过这样的补缺将自己的感情寄托于书中。

谋略小说的典型巨著《三国演义》则满足了人们对权力的渴望。想想看，无论是曹操、孙权还是刘备，只要一声令下，就可号令万千兵士为之厮杀战斗。而且，作为三国时期的领导者，他们牢牢控制着天下的英雄：司马懿、周瑜、陆逊、赵云、诸葛亮、关羽……这样的权力，谁会不为之心动？于是，渴望权力、迷恋谋略的人，便会不自觉地被故事吸引，想象自己化身为书中的英雄豪杰，以满足自身对于操纵、控制力的欲望。

玄幻小说催眠读者的要素，与网络游戏类似——虚无缥缈的故事情节、刺激无比的背景设置。在这样的世界中，必然会有英雄。比如《西游记》中的齐天大圣孙悟空，其广大神通深深地吸引了那些渴望力量、对未知世界充满幻想的人，尤其是对儿童影响颇深。这也是《西游记》改编的电视剧广受儿童喜爱的原因，甚至有些儿童因为《西游记》而崇拜六小龄童——他们被无所不能的孙悟空催眠了。

民间英雄传奇小说《水浒传》，其中的人物虽然没有齐天大圣那般法力无边，但是也深深催眠了读者。读者在读《水浒传》的时候，不仅仅是为主人公的拳脚功夫所折服，更是因为梁山的一百零八条好汉满足了他们潜意识里的叛逆心理。他们越是反抗残暴不仁的奸臣恶霸，越是让读者为他们的反抗精神所着迷，甚至不自觉地把自己想象成为林冲、鲁达……

文学的催眠在于通过文字的组合，让人产生想象的空间。这样的想象其实是整合了读者大脑中已有的资料，根据自己的情绪感受创造出属于个人的画面。不要小看这样的空间，在给读者带来画面的同时，也留给了读者填充自己内心欲望的自由。这样的过程强有力地把读者的意识缩小到一定的范围内，就能达到催眠的效果。

读者被某部文学作品催眠之后，会把书中的一些语言模式应用到生活中，比如看过《水浒传》后，许多男孩子都会把"鸟人""洒家"之类的词挂在嘴边，以显示自己的英雄之气；而读过《西游记》后，"何方妖孽，报上名来"则可能成为流行的问候语。如果读者在现实生活中扮演书中角色能得到周围人的认同，他就会产生一种成就感，这是一种非常享受的感觉：享受书中的人物、情节或者场景，为书中的悲伤而悲伤，为书中的幸福而幸福，为书中的快乐而快乐——这个过程中，人已经进一步被催眠，融入书中了。

第三节　催眠界定与得觉催眠

在影视剧或催眠表演中，我们经常可以看到催眠师似乎通过简单的指令就可以让一个人变成"木头"，或站立或平躺，只要催眠师不唤醒他，就可以一直保持这种状态，甚至可以被人当成"桥梁"使用，让其他人站在其身上，成为"人桥"。我们都知道人在清醒状态下没办法成为"人桥"，催眠也因此显得更加神秘。在近年来的电视节目中，甚至还出现了动物对人的催眠，让人大开眼界。那么，究竟什么是催眠呢？古往今来，中西内外，不同流派的研究学者对催眠和催眠现象都有各自的理解和看法。

一、催眠的多种定义

通过学习现代催眠简史，我们不难发现，"催眠"一词在创建之初就是一个类比性的概念，源自一个偶然的事件：1842年，英国外科医生詹姆斯·布雷德（James Braid）发现，通过某种特定的方式可以使患者不用药物也能被麻醉。于是，在研究和探索的基础上，他提出了催眠的理论。起初，布雷德认为催眠仅仅是一种类似于睡眠的状态，所以根据希腊语"hypnos（睡眠）"创造出英语单词"hypnosis（催眠）"来表示催眠现象。后来，随着研究的深入，研究者发现催眠状态是一种特殊的意识状态，从生理、感官等各个方面来看都不等同于睡眠状态。但"催眠"一词此时已经被世人广泛采用和接纳，这个"错误"也就沿用至今。

在麦斯麦的"动物磁力说"、布雷德的"神经性睡眠"之后，弗洛伊德定义催眠为：催眠是一种潜意识活动；南锡学派提出"暗示学说"，认为催眠所产生的现象是受术者接受了施术者的"暗示"而引起的一种反应；角色理论则认为催眠是一种角色扮演；巴甫洛夫从生理学角度认为，催眠是觉醒和睡眠之间的过渡状态，是部分的、不完全的睡眠；分离理论则认为，催眠是用人为的方法使人的综合心力衰弱到不能以意志控制冲动的观念，使观念脱离正常的完整的人格，因而出现精神病症样的现象；状态理论则认为，在催眠时被催眠者的意识状态发生了变化，以"意识的变更状态"替代了正常的意识状态……

近三百年来，尽管学术界对催眠现象始终未能形成一个统一的理论解释，但现实生活中，一些学术及科研机构和专家学者对催眠的描述性定义，还是得到了比较广泛的认同。比如：

《心理学大词典》认为："催眠是以催眠术诱起的使人的意识处于恍惚状态的意识范围变窄。"

恩格斯在《自然辩证法》中指出："催眠状态是以被催眠者的意志服从于施术者的意志开始的，而没有这种服从就行不通。"

《简明大不列颠百科全书》（1986）对催眠的定义是："类似于睡眠，但对刺激尚保持多种形式反应的心理状态。被催眠者似乎只与催眠者保持联系，自动地、不加批判地按照暗示来感知刺激，甚至引起记忆、自我意识的变化。暗示的效果还延续到催眠后的觉醒活动中。"

现代医学定义催眠（hypnonsis）是一种类似睡眠而非睡眠的意识恍惚状态，是深度放松和高度体认的表现，就像做白日梦或冥想一样。在身体完全放松的情况下，主意识相对变窄，潜意识被唤醒并吸取对自己有帮助及有益的暗示。

美国催眠动机学院（Hypnosis Motivation Institute，简称MHI）对催眠的定义是：催眠是通过信息超载（overload），使大脑意识批判功能失调，触发潜意识战斗/逃跑的原始反应机制，最终产生一种高暗示感受性状态，打开进入潜意识的通道。简单来说，催眠就是建立意识与潜意识的连接。

2014年美国心理协会催眠分会修订的催眠定义，成为目前学术界广泛认可的表述：hypnosis（催眠），一种涉及集中注意、减少外围影响，并且能够加强对暗示的反应能力的意识状态。

现代催眠之父艾瑞克森认为催眠是一种注意力集中的特殊精神状态。这种阐述非常简洁并带有启发性，也很容易被大众所接受。目前，国内一些学者认为，催眠是以人为诱导（如放松、单调刺激、集中注意、想象等）而引起的一种特殊的类似睡眠又非睡眠的意识恍惚心理状态。其特点是被催眠者自主判断、自主意愿行动减弱或丧失，感觉、知觉发生歪曲或丧失。

得觉学派创始人格桑泽仁教授认为，催眠真正的概念应该是"催醒"，是醒悟的过程，它是一种高度放松和高度专注的体验，就像做白日梦或冥想，它不是心灵控制。催眠是人们专注于一个活动或一件事情，而忽略其他甚至消失掉自己的状态。

事实上，催眠可以分为狭义催眠和广义催眠。狭义催眠是指由催眠师做引导，带有目的性和指向性，把被催眠者带入一种特殊的状态，以帮助被催眠者解决问题；而广义的催眠指的是当人们从不同的渠道以不同的方式接收到各种各样的信息，这些信息或多或少会对人有一些影响，这种产生影响的过程就是一种广义上的催眠。

二、催眠与睡眠不同

从字面来看，许多人觉得所谓催眠就是催促人们尽快入眠，比如，母亲用摇晃、唱摇篮曲等方法使孩子尽快入睡；失眠的人听催眠曲帮助自己入睡。那么，催眠与睡眠是一回事吗？

苏联著名生理学家、心理学家巴甫洛夫解释了催眠和睡眠的区别："假如抑制毫无妨碍地扩散到整个大脑皮层，那就是平常的睡眠；假如只有大脑皮层的一部分抑制，那就是通常所谓的催眠状态。"

哈佛医学院催眠专家弗雷德·H.弗兰考认为："催眠只是将人们分散在各处的精力和思想聚集起来，这并不是处于昏迷或睡眠状态，而只是类似于那种当你聚精会神地沉浸在一项工作或阅读一本小说时几乎难以听见他人对你所说的话而已。"

科学家经过大量的测试发现，在催眠状态下大脑发出的主要是 α 波，与大量出现 δ 波的睡眠状态明显不同，这从生理学的角度表明催眠与睡眠是不一样的。

大量的实证表明，催眠与睡眠是不同的。主要表现在七个方面：

（1）催眠和睡眠的性质不同。催眠是一种技术，目的是要对被催眠者进行催眠治疗，而睡眠并没有这种目的，睡眠只是一种单纯休养生息。

（2）催眠和睡眠的所属范畴不同。催眠性质属于心理和生理的范畴，而睡眠则属于生理的范畴，是生命活动所必需的。催眠可以消除精神上的痛苦，可以帮助人类机体的健康发展，并通过调动、发挥人的自我调节机能来实现全部身心的良好发展；而睡眠主要是使精力和体力得到休息与恢复，以便于接下来更好地工作与学习。

（3）处于催眠和睡眠状态时，大脑对外界的感受不同。处于催眠状态中的被催眠者，虽然大脑皮层的大部分区域已经被抑制，但是皮层上仍有一点是高度兴奋的，反应非常灵敏，对于催眠师的问题也会做出相应回答，而处于普通睡眠状态的人，意识活动则是完全停止的，对外界毫不自知，更不可能配合别人回答问题。

（4）处于催眠和睡眠状态时，人的休息程度不同。虽然人在催眠状态下也是在休息，但是休息的深度和休息的质量要高于一般的睡眠，有时只是被催眠了十多分钟，但是被催眠者感觉好像睡了很久，身心得到彻底放松，达到了自然的状态，这是普通的睡眠无法与之相比的。

（5）处于催眠和睡眠状态时，人的肌肉状态不同。处于催眠状态中的被催眠者，有时在催眠师的暗示下，其肌肉可以僵直得像一块钢板。而处于普通睡眠状态中的人，一般肌肉都是处于松弛状态，没有特别的影响和刺激是不会有较强烈的反应的。

（6）处于催眠和睡眠状态时，人的动作和行为不同。处于催眠状态中的被催眠者，经过催眠师的暗示会做出某些动作和行为，比如痛哭、大笑、呕吐、出汗等，而在睡眠状态下的人则远远没有如此丰富的活动，他们只会在梦中才能感受到。

（7）处于催眠和睡眠状态时，人的苏醒方式不同。处于催眠状态中的被催眠者，在没有收到催眠师的苏醒暗示之前，即使是睁开眼睛，也仍然是在催眠状态之中。而处于睡眠状态中的人，眼睛一旦睁开，便立即恢复到清醒的状态，不需要任何暗示便回到现实生活中来。

三、催眠原理与分类

从得觉自我理论来看，催眠原理就是利用人类内心对话的两个不同声音："自"和"我"。人平时在清醒状态下，"我"占主导地位，催眠的原理就是让人的"我"专注于某一件事情，这个时候"自"就不会被"我"压制住，于是"自"被激发，进入一种"自"和"我"都同时开放的状态，这个时候就可以跟"自"做沟通，催眠就是越过"我"直接跟"自"沟通。

催眠是使"我"变狭窄，从而释放"自"的过程，在这种状态下，会比平时状态更容易接受暗示。大量研究结果指出，人们对催眠的受暗示性存在很大的个体差异。目前学界认为，对催眠的受暗示性与一个人的态度和期望有密切联系。凡对催眠持积极态度，相信催眠的可能性，同时又对该催眠者表示信赖时，他就容易配合接受暗示并取得成功。这与我国传统文化中的一句俗语"心诚则灵"正相符。

从科学角度来看，催眠原理是利用一套有效引导与暗示的方法，引领被催眠者进入放松状态，使其脑波频率来到 α 波（每秒 8~12Hz）或 θ 波（每秒 4~7Hz）的范围。平常当我们心情平和轻松，或是刚睡醒时，所处的正是 α 波状态；当我们处于较浅的睡眠状态，或是静坐、禅定、进入平和状态时，我们的脑波便处于 θ 波。人处在催眠状态时，可以感到一种清醒的放松。通过催眠放松引导，也可使人的脑波处于 θ 波。

在人的脑波处于 θ 波时，"我"受到了抑制，"自"变得活跃。"我"就像一个高层的领导者，弱小、善良管理着种种活动，他挑出可以执行的指令执行，不可执行的指令否决。"自"就像一只远古猛兽，强大、莽撞没有任何批判，但它的力量十分强大，在"自"支配下身体所发挥的肌肉力量是"我"的数倍，就像一个干瘦的老头却可以搬动比他还要大的巨石。

催眠的分类方法很多。从催眠的发展阶段关系来看，可分为权威式、标准式和互动式催眠；从催眠程度来看，可分为深度催眠、中度催眠、浅度催眠；从催眠的对象来看，可分为个别催眠、集体催眠和自我催眠；从催眠主动性来看，可分为合作者催眠和反抗性催眠；从催眠速度来看，可分为快速（瞬间）催眠和慢速催眠；从催眠状态来看，可分为清醒催眠和恍惚催眠；从催眠的形式来看，可分为言语催眠和非言语催眠（如音乐、抚摸、药物等）、直接催眠和间接催眠；等等。

四、得觉的丰富内涵

"得觉"是四川大学格桑泽仁教授（笔者）历时二十年，汲取中华传统文化的哲学思想和生活智慧，于二十世纪九十年代末创立的一套不同于西方思维模式的当代原创心理学理论。这一理论体系被命名为"得觉"，并于2001年注册了文化商标。

得觉理论体系自诞生以来，就因"属于东方人自己的心理学体系和哲学体系"而得到了社会各界的广泛关注，并被业内专家学者认可。得觉有着丰富的内涵，主要体现在七个方面。

（1）得觉的第一层含义取自汉语的"得到、觉悟"之意，描述的是人们精神所处的状态。何为觉悟？可以将之理解为对宇宙生命的深刻理解和领悟，对人类自身内心和行为的深刻认知，对生命的意义和目的的清晰认识。得到与觉悟是指人在成长过程中，由低级走向高级，由不成熟走向成熟，由对自我及生命认知从不完善到完善的一个动态变化过程。研究发现，人时刻处在一种得觉的状态，当你开始觉得自己没有得觉、觉悟的时候，你已经开始有一种觉悟的状态。当你感觉自己已经觉悟的时候，你将进入另一种觉悟状态。这是得觉的第一层含义，也是自我暗示、自我催眠原理的一个基础。

（2）得觉的第二层含义是觉察每时每刻的自我对话。"得"字可以解读为：每一天，我们自己都会跟自己进行细微的内心对话。"觉"字可以解读为：觉察、内观、照见，引申为自己享受头上的光环。我们在日常生活中做出的每一个决定，都会经过思考，经过大脑中反复的自我对话，然后选择一个最佳的方案。这种每天都在发生的自我对话，经常被我们所忽略，但它会一直影响我们对自己的感觉，以及我们对生活中各种事件的反应。得觉发现人的自我对话模式，在整个心理咨询和催眠疗愈中，都起着重要的作用。

（3）得觉的第三层含义描述的是人们通过学习获得成长的一个过程（如图1-1所示）。这个过程可以用五个字表示：知、悟、做、得、觉。从知到悟是重复过程，悟到做是行动过程，做到得就是发展过程，得到觉是升华过程。达到觉的人，超越，再去悟，这是一个循环的过程。从得觉太极图可以看出，学习的第一步是

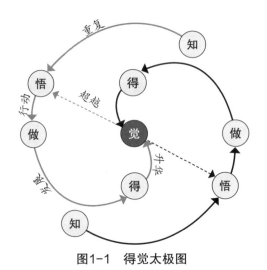

图1-1　得觉太极图

知，第二步是悟，第三步是做，第四步是得，第五步是觉。最终从觉再到新一个层面的悟，进而实现学习的螺旋式上升。人都可以通过自我的学习成长，唤醒内心的力量，面对和挑战当下的状态，激发自身的内在能量获得自救。

（4）得觉的第四层含义是藏语"dejie"的汉语音译。得觉取藏语"dejie"中"平安、吉祥、快乐、安康"之意。这既是现实生活中人们经常互相传递的美好祝福，也是每个人内心最为期盼的美好愿望，更是笔者创立得觉催眠理论体系的初衷。得觉理论体系从创立之日起，就以提升民众心理素养、促进全民身心健康、共享人类美好生活为己任。得觉催眠一直在大力弘扬中华优秀传统文化中的整体生命观、宇宙观，广泛普及健康的心理知识和得觉康养理念，把平安吉祥、快乐安康，带给天下人民，走进寻常百姓的家里。

（5）得觉的第五层含义是生命格局的立体拓展。生命在得觉的太极图的指引下，按照顺时针方向在时间中变化前行，精神按照逆时针方向在空间中运动升华，波浪式前进，螺旋式上升。也就是说，我们生命按照顺时针方向前行，即时间——生命；精神按照逆时针方向运动升华，即空间——精神。时空组合，我们就会获得圆满的立体人生。

（6）得觉的第六层含义是精神更高层面的"得道觉行"。一个人如果在精神层面持续精进、觉悟、亲证，就可以对宇宙生命有一种最深刻、最彻底、最全面的"感受"，可以明心见性、大彻大悟，能够透过世界万物的表象看到其本质，可以洞察万事万物的内在规律，知晓一切现象发生的缘起之处和缘灭之处，并随时随地根据具体情况和掌握的信息，以更为自然、更为合理的方式去应对和行动。此时，这个人的格局放大，做到真正的无我利他，内心再无任何纠结、烦恼和疑惑，始终处于觉知的清醒状态。我们把这种可以清晰地感知"道"的指引，以"利万物而不争"作为原则，自觉让言行合乎道并能顺道而行的人，称为"得道觉行"之人。得觉发现，从"得到觉悟"的精神状态到"得道觉行"的精神状态，需要经过在时间维度的波浪式前行的实践、亲证和在空间维度的螺旋式上升的升华、蜕变，具体呈现在当下的面对、幸福的行动、快乐的思维、喜悦的智慧这四个阶段。当一个人喜悦生活的时候，心就越来越平静，智慧就像是深处的泉水一般，涓涓不止。并且持续的喜悦生活，是通往更高精神境界的基础。

（7）得觉的第七层含义是生活的智慧，智慧的生活。得觉理论认为，简单是一种生活智慧，更是一种经历复杂之后返璞归真的彻悟。人最大的智慧就在细微的生活里，而用觉悟的心生活就是最好的增"智"开"慧"。现代社会的节奏越来越快（社会里以"我"为主），人们的脚步变得越来越匆忙，但忙碌的身躯抵不过平静的内心（能量充足的"自"的稳定），勤奋的双脚抵不过智慧的大脑。很多人一生都在苦苦寻觅，不知道自己到底要追求什么，一直被社会带着走，在随波逐流中越来越不明了，表现为自我冲突、自我矛盾、自我纠结。得觉发现，一个人只有内心明了，思想才会有深度，生命才会有厚度。生命的恒定，在于心的恒定；心的恒定，在于自我和谐、自我平衡。我们只有在细微的生活中学会定心、定神、定目标，用心做好一点一滴的小事，用心体会一呼一吸的转换，才能用"我"与"智"生，用"自"与"慧"活，才能开启更加灿烂的生命旅程。

五、得觉催眠的提出

1983年，格桑泽仁在一次备课时，首次接触到心理学中的催眠。他发现催眠的某些理论和方法与我国西藏民间游戏很相似，但是发明这种催眠方法的却大都是欧美国家的人。

于是，格桑泽仁充分发挥自己具有医学知识背景和藏学文化的优势，开始钻研西方经典的心理学著作，学习世界上各种催眠心理治疗的方法，并在临床中进行实践应用。为了从中国传统文化中汲取营养，格桑泽仁深入研学儒释道经典，并收集中华传统经典文献中关于催眠的技法内容，以及藏族民间游戏中有关催眠的暗示语。经过十余年的不断传承学习、整合实践和创新探索，格桑泽仁于1998年总结提炼出了具有中国文化特色的"得觉八式"催眠法。之后，他把这种催眠方法大量运用于咨询、教育、培训和社区服务等众多实践工作领域，进一步丰富了实践的操作技术方法，并于2001年正式命名为"得觉催眠"。

在2007年中国第一届心理学家大会暨首届应用心理学高峰论坛上，格桑泽仁走上讲台，对着台下近五百名来自全国各地的优秀心理工作者，第一句话就说："我，要催眠你们！"接下来，他为全国的心理学家展示了发掘于中国传统文化的催眠理论和技法，这标志着得觉催眠理论从大众生产、工作、生活的实践走向了科学研究的殿堂。

得觉催眠是萃取远古催眠术及近代东西方催眠术的核心思想，结合东方文化特色，凝练出来的一套适合东方人群的催眠术。得觉催眠是一项快速让我们自我平衡、身心合一的工具，可以迅速让人放松，进入高度专注的状态。得觉催眠与其说是催眠，莫如说是唤醒，唤醒人们"本自具足"的内在力量，让被催眠者开始觉悟自己所拥有的一切资源，包括创伤的资源、挫折的资源、自己没有能力的资源，然后把它转换成自己的积极动力，让自己往前走，去面对和挑战当下的状态，激发自身内心潜在的生命能量而获得自救。

第四节　得觉催眠的适用范围

随着生活水平的提升，身心健康日益受到大众的重视，得觉催眠的需求和应用前景也越来越广阔。除了能够用来治疗多种身心疾病和消除行为障碍以外，在现实生活中还有很多其他应用。

一、正确认识自我

俗话说，"人贵有自知之明"。人们总认为自己是了解自己的，其实很多人在"认识自我"的道路上还有很长的路要走。比如，有的人，谈论起来头头是道，可做起事来，却常常束手无策，力不从心；有的人，心怀鸿鹄之志，可真给他施展空间，却又往往大不如意，令人抱憾……他们大多是不知自己深浅几何，缺乏做人应有的自知之明。

人唯有充分认识自身的实力，对自己有准确的定位，明确自身的优点和缺点，知道自己内在需求和动机，知道自己的信念系统，知道自己的内在恐惧、焦虑等情绪源头，才能帮助自己从痛苦中解脱，活出幸福来，否则人生只是一团谜，虽生犹死。

得觉催眠可以帮助人们轻松放下"我"的防御和评判，进入到"自"真实的状态，进入清晰地看到自我对话的模式。当人处于得觉催眠状态时，身心放松而宁静，意识清晰而专注，"我"就会倾听到内在"自"的真实声音。"自""我"一互动，我们就可以从自我纠结、自我不平衡，慢慢走向自我和谐、自我平衡，改变也就自然而然发生了。得觉催眠不仅可以帮助人们正确认识自我，还可以让人们的身心得到全面滋养，进而遇到更好的自己。

二、消解情绪压力

每个人都希望自己能有一番作为，有一个光明的未来。但是现实中，往往只有少部分人能够顺利实现梦想，人们总是要面对这样或那样的挑战、麻烦，甚至是挫折和困难。如果这些挫折和困难是来自自然或社会的重大打击，而个体感到自己无力应付时，就会体验到因紧张而产生的情绪压力。同时，人的下丘脑、脑垂体和肾上腺，也会分泌出大量的压力激素。此时，人们可能会否定自己，认为自己是天底下最不幸的人，这类消极的对话重复出现，使自己陷入负性情绪中，进入一种恶性循环当中。

得觉发现，成功的人之所以成功，不是因为成功的人不会遇到问题或者困难，而在于在遇到困难时候的态度。他们不论遇到什么，都反复暗示自己不要被负性的对话控制。得觉催眠可以改变人内心对话的模式，从负性的对话转向积极的、正向的对话，从而消解情绪压力。

三、调整生理机能

现代生活节奏的加快，工作竞争压力的增加，睡眠障碍已成为全球第二常见的精神障碍。平均每三人中就有一人存在睡眠问题，每十人中就有一人符合失眠的正式诊断标准。许多失眠的人都有共同的体验，越想睡着，反而越睡不着。得觉催眠不仅可以帮助失眠的人快速导入睡眠状态，使人得到较好的睡眠；也可以利用催眠导入放松状态，在较短的时间内，让人消除紧张、疲劳的感觉，调整生理机能。

得觉催眠有助于矫正与高血压病有关的不良生活习惯（如喜欢甜食、咸食，偏爱高脂肪食物，不爱运动等），并直接使血压下降、症状改善。得觉催眠还有助于改善心血管功能及血脂代谢，防治血管硬化，减少脑、心、肾等产生疾病。此外，在得觉催眠状态下，通过催眠师的良性引导，可以改善老年人因生理机能衰退或者退休后社会功能弱化引起的不适感，从而达到调整生理机能，促进身体健康的目的。

四、突破学业或事业瓶颈

中考和高考是所有初、高中生的重要关键节点，受到全社会的关注，每年都会有大量考生因考前紧张而导致成绩不理想，未能进入理想的学校。针对这一现象，得觉团队每年都会在中、高考前举办得觉催眠公益讲座，帮助考生及家长迅速地从紧张情绪中解脱出来，消除考试焦虑，以一种正常的心态面对考试。参加过得觉考前催眠培训的一位学生，在分享他的体验中讲道："以前考试前就会全身紧张，手心出汗，遇到难题就会紧张。这次考试前和考试过程中，用了得觉催眠的技巧，使自己心态迅速平稳下来。"

得觉催眠还可以有效缓解职场压力，帮助经常加班熬夜的人迅速恢复体力精力，帮助那些职业倦怠的人寻找背后的限制性信念，重拾职场信心，打造阳光心态，突破事业发展瓶颈，重新找回工作激情与工作效率。

五、辅助治疗各类病症

现代医学已经开始认识到身体的疾病有很大的比例源于心理因素，大多心因性的身体问题，都可以运用催眠来处理。只要我们善于运用催眠，就可以启动身体的疗愈机制，这常常会收到令人惊喜的成效。得觉催眠应用于医疗，可以辅助治疗焦虑症、抑郁症等，尤其是因为压力比较大或出现应激障碍，从而导致混合性焦虑、抑郁问题。对各种神经症以及身心疾病，比如过敏性皮炎、紧张性头痛、应激性腹泻、胃溃疡以及水肿焦虑、躯体化障碍等，得觉催眠也可以有很好的治疗效果。得觉催眠还可用于缓解病人在治疗中的紧张情绪和疼痛，包括催眠助产、一般外科手术和癌症等重症病人术后康复等。

此外，得觉催眠对一些特殊行为的治疗也有很好的效果，比如：治疗男性的性功能障碍；治疗儿童的口吃问题；咬指甲、过分强制行为、不合年龄的尿床等坏习惯的纠正；女性月经不调的治疗；酗酒、酗药、吸烟、工作狂、控制倾向等上瘾症状的缓解；各种恐惧症（如恐高、恐惧某些动物、幽闭恐惧等）的解除等。

六、帮助建立自信心

得觉催眠可以帮助人们增强自信，增进自我觉察能力，使个人获得成长。有一个很有效的自我催眠方法叫作"成功景象自我催眠法"，即自己主动去建立一个关于成功的催眠场景，惟妙惟肖地想象每一个细节，好像自己已经成功地完成了某一件事，以此暗示自己："我具备完成这件事情的能力，并且我将会顺利地完成这件事情。"

得觉催眠应用于体育竞赛中，可以帮助运动员提高自信心和情绪控制能力，使运动员的注意力更集中；还可以快速消除训练后的疲劳，缓解肌肉紧张等。应用于学校教育，可以提高学生的专注力、记忆力，提升人际关系和时间管理等，进一步帮助学生建立自信心。得觉催眠还可以帮助人们美容、美体、瘦身、减肥，进一步提升个人对容貌以及身材的自信心。

七、开发人的潜能

得觉理论认为，潜能包括潜在的能力（我）与能量（自）两部分。得觉团队在每年寒暑假都有针对青少年的潜能开发夏令营。开发潜能主要是指智力（我）和智能（自）开发，包括儿童智力开发。得觉理论认为，人从出生开始，自身就蕴含着无限的智慧和巨大的潜能。但是，由于现代社会更侧重于科学、艺术等成果的应用，往往忽视了对创造发明本身的研究和对自身潜能的开发和利用。目前人类对大脑的开发和利用，仅仅是大脑功能的很少一部分。

有研究表明，在一般的静态情形下，潜能不易被开发，而在竞争和紧张状态下，潜能更容易被激发。例如：已经跑不动的人，告诉他后面有匹狼在追他，他马上又能跑了。实践证明，得觉催眠可以使无精打采、懒散懈怠、效率低下的人变得精神振作、充满朝气和活力。

八、不适合得觉催眠的人群

不适合得觉催眠的群体主要包括患有精神分裂症、多重人格障碍、攻击性人格障碍、边缘型人格障碍、创伤性人格障碍等人员，有比较严重的生理疾病的患者也不适合得觉催眠，如有严重的心血管疾病的人、癫痫病患者、肺气肿病人等。此外，对言语表达与理解有障碍者、脑部受到创伤、对催眠秉持不信任态度或偏见者、智力低下者等，也不适合得觉催眠。

第二章

得觉催眠的理论基础

得觉是一套综合的理论体系，有学者将其称为现代心学。得觉理论体系已被中国心理学会标准委员会认定为一套纯东方的、全新的理论体系，是得觉咨询和得觉催眠的理论基础。

第一节　得觉四大基础理论

得觉基础理论自1985年开创以来，经过三十多年的实践与发展，已集成为一套适合东方人思维的哲学体系和心理学方法。目前主要有四大基础理论：讲内心的自我理论，讲社会的恩怨理论、墙角理论，讲精神的迷明理论。

一、自我理论概述

中西方人的自我有很大的差异，而现有绝大多数关于自我的理论或模型大都是在西方文化的基础上得出的。比如：我们熟知的弗洛伊德的自我理论，由本我（id）、自我（ego）和超我（superego）构成；人本主义心理学家罗杰斯提出的实际自我和理想自我；社会心理学家乔治·H. 米德提出的主我和客我；等等。

得觉的自我理论，是根植于中华文化基础上的、具有中国特色的、符合中国人思维特点的现代心理学理论体系。自我理论的"自"与"我"，在部分特征上与弗洛伊德的本我与自我相似，但本质上是完全不同的。通过对汉语表达的深入研究，我们发现了在汉语中"自"与"我"的区别，由此折射出心理层面的自我结构。自我理论是得觉基础理论的核心，主要是回答"我是谁"，明确"自"和"我"的关系。

自我理论从研究一个人自己及自己的关系入手，把人的"自我"分为"自"和

"我"两部分，并率先提出了"自我对话"模式，通过研究"自"和"我"的对话模式及其平衡关系，迅速解读人的心理状态，进而引导人达到自我内心的和谐。

西方心理学把人的意识分为主意识和无意识，通常把无意识比作冰山或者黑箱，认为无意识是巨大和不可探知的。得觉理论则认为，如果主意识为阳的话，无意识则为阴，阴阳是互易的，主意识和无意识也是交互显现的。得觉的关注点不在于主意识的部分还是无意识的部分孰多孰少的问题，有意识出现的时候就会把另一部分推向无意识，反之亦然。两部分内容在不同的情境下交互显现，犹如昼夜更替。

得觉自我理论的应用无需把无意识调入意识，而是顺应意识和无意识的交替规律，在合适的时候捕捉合适的信息。自我理论最大的妙处是把无意识的对话模式意识化，主动掌握对话的模式，主动修改不利的对话习惯，达到和谐自然的对话效果，以不纠结的心态应对变化无常的外部世界，从而进入喜悦状态。

自我理论认为，当我们能够觉察自己以及他人的"自""我"互动模式时，就可以准确地找到每个人的"自""我"对话规律，清楚地知道这个人会怎么思考，并明确纠结点在哪里，会怎么纠结，从而找到和谐的开关，进行自省。"自""我"和谐对话的开关一旦打开，内心就会走向轻松、平静、淡定的状态并充满能量。

有关自我理论的深刻内涵，我们将在下一节中详细阐述。

二、墙角理论概述

墙角理论，主要回答"我在哪里"，即我与外在的关系。墙角理论为人们提供了一个立体的视角，让人们能更清晰地了知自我、了知生命、了知自然。

我们可以想象一个墙角，用与地平面平行的面代表生活，与地平面垂直的两个面，一面代表社会，另一面代表精神。这是一个立体的架构，用墙角的三个面来代表人生的三个体系：生活、社会和精神。在生活的体系里过日子，在社会的体系里追求自我价值，在精神的体系里修心悟道。

墙角理论把与地面垂直的第一面墙，称为"社会墙"。人在社会墙上追求自我价值的实现，也就是人们常说的"成名、成才"的过程。得觉理论发现，人在社会墙上是一个不断上升的过程。一个刚刚毕业工作的人，我们称之为坯才，在工作中能够把本职做好的人，我们称其为匠才，再往上是专才，然后是将才。将才就是在某一个领域有话语权了，说的话具有一定的权威性。从参加工作时的坯才成长为将才，这个过程都是术的层面，这个体系都在讲科学、讲逻辑、讲经验和知识。

跨越了将才就走向通才，通才就开始有哲学思想了。人一旦有了哲学思想就不一样了，内心很多纠结的事情，就可以自己想通了。在社会墙上再进一步，我们称其为人物，人物就是有故事的人，死了以后可以立碑，可以把他的故事流传于世间，给人物立碑就是立名。但人物一定是被时间所检验过的，是人们心目中共同认可的，或者是社会需要这样一个人物，不是自己想象就可以的。所以在处于社会墙上的人，最难的就是有思想，现实中大部分人都是有想法的，很少是有思想的。

墙角理论把与地面垂直的第二面墙，称为"精神墙"。中国传统文化中早就有了对精神墙的描述，最下面的是"俗人"，就是讲究风俗习惯的人，在"俗人"的范围里，很多人也被称为"常人"或"凡人"，中间还有一种人是烦恼的人，即"烦人"，这就是最基础的精神层面。由"俗人"再进一步就是"贤人"，"贤人"很清晰自己该做什么，该放弃什么，已经开始在选择要什么、不要什么了。"贤人"再进一步就是"圣人"，"圣人"拥有大智慧，心怀天下，俗而不凡。

在社会墙上的人和在精神墙上的人都差不多，在这两堵墙上的人肯定是纠结的，他们都必须要落地，要做一件事就是生活，都得过日子，这就是"生活墙"。生活中最重要的一件事情，是要想办法让自己的肉身健康，让自己拥有四个能力：第一个能力是当下的面对；第二个能力是幸福的行动；第三个能力是快乐的思维；第四个能力是喜悦的智慧。

"得觉"实际上就是三面墙所形成的中间部分的空间。三面墙上所呈现出来的，不过就是"得"那个点的一个投影而已。现实生活中有很多人在社会墙上待不下去，已经走到头了，突然就想去精神墙上去试一试，就像许多人有钱了就去拜寺庙，认识一个僧人就变得很显摆。其实这两堵墙并没有什么区别，但也不是说轻轻松松就能跨越的。无论你在社会墙或精神墙上，都离不开生活墙。如果一个人只有生活墙的时候，说明他不愿意再被社会和个人的精神追寻所左右，可以安于现状，舒适地过着自己想过的生活。

墙角理论认为，人的烦恼不过就是在这三堵墙上折腾出来的，当下能不能找到自己的情绪点，是为社会墙的事忙碌，还是为精神墙的事忙碌？是为了权力而忙碌，还是为情感而忙碌？或是为名利而忙碌？人们的心常常会被这些带走而纠结，一纠结我们就可以知道此人在哪个层级。

人在不同的体系里，会逐渐形成相应的能力，构建相应的价值观，形成相应的思维和行为习惯。以这三个体系为坐标，就可以看到自己和他人的三个相：生活相、社会相、精神相。人们的生命在成长的路上，只能是"生活+社会""生活+精神""生活+社会+精神"这三种中的一种，知道是哪一种后，再确定自己所在的那面墙，然后找到墙上的那个点，下一步再确定自己的目标，路径就会清晰，接下来要做的就是将时间和精力进行分配，并迈开双脚去行动。事实证明，三面墙在每个人的不同人生场景中所占的比重是不一样的。占的权重多少，全在于你把精力消耗在哪里。如果你时时能够自然地、自动地把自己剥离出来，站在"得"的那个点上，便会清晰地看到你立体的生命状态。因此，运用墙角理论规划人生，生命简单，自我自在，精神专注。

三、恩怨理论概述

古人云："恩不可过，过施则不继，不继则怨生；情不可密，密交则难久，中断则有疏薄之嫌。"意思是施恩不可过，过分施舍不能持续下去，一旦中断，就会产生怨恨。交情不可过，密切交往难保永久不变，一旦中断就会疏远冷淡。"事"度、"情"度如何平衡，是一门博大精深的学问。

恩怨理论主要回答"我和人、人和我的关系"。恩怨理论认为关系的背后是恩怨，恩怨与事情相关。如果人的自我是树干，事情是枝叶和果实，那么恩怨就是埋在泥土里的树根。

恩怨理论从社会生活中的主体——人，解读这个社会，把繁杂的社会简单化，简单到最灵性的社会主体——人，解读所有社会关系中的动力源。通过恩怨的视角去看人和自然的关系、人和社会的关系、人和人的关系，我们会惊奇地发现社会是很容易看懂的，更是一目了然的、简单自然的。

恩：从心，从因，因亦声。"心"指爱心、慈爱，"因"意为承上启下，"因"与"心"联合起来表示一颗爱心，上承自祖先，下推至子孙。由此可将"恩"字义理解为：爱心的承启和转推，累世传承的慈爱。

怨：从心，夗声。本义：怨恨，仇恨。《晋书·刘毅传》："诸受枉者，抱怨积直，独不蒙天地无私之德，而长壅蔽于邪人之铨。"意思是：许许多多蒙冤者，怨声载道，为什么这个世界对我们如此不公，眼睁睁看着我们这样长时间受到人的迫害。

抱怨是心中不满，责怪别人，具有指向性。抱怨是怨的一种形式，有特殊的行为表象和目标指向，即守住一种概念或一种情绪、一种感受，而对外进行指向性发泄。抱怨的责怪程度较重，少用于自己对自己。怨的另一种形式是埋怨，埋怨的责怪程度比抱怨轻，除用于人外，多用于事物。埋怨通常指因为事情不如意而对造成结果的事物表示不满。当人在埋怨的时候，表示已经认可将矛盾暂且放下后的姑且不论的抱怨之言，就是要将怨埋下的意思。当然，埋下怨恨，就会发芽，到了一定时候，可能会重新提起旧怨的。

恩怨是一直隐藏在内的动力源，而事情是外显的结果，自我是连通事情与恩怨的通道。恩怨是社会化的动力源，是事和情的根基。恩类似吸收的养分，因心而动，能量流向外，可以传承，心有需，行有力，与习性相关；怨则类似储存的毒素，需要消解和外导。怨缚心，疏解怨，能量向外，具有传导效应，心被束，行有念，与人的德性有关。如果我们理解树根对于大树树枝和果实的重要性，就不难理解恩怨对一个人的重要性。

一个人如果打通了恩怨环节，就会全身气血畅通，心灵豁达明朗，精神灵动智慧。恩怨理论认为，打通恩怨的人，身轻如燕，灵动自由；能调节恩怨的人，自我和谐；不生恩怨的人，自我平衡；无恩无怨的人，觉性显化。

恩怨是一种社会状态，在"自""我"形成之前，只有情绪，没有恩怨。恩怨使人成为人，恩怨一旦消失，人就活在喜悦的状态里。恩怨是人们生活在人间的定义和魔咒，一旦恩怨解除，烦恼就会解除。

恩怨是一个崭新的视角点，恩与怨的互动让我们清晰地、更深刻地了解人、人性以及生命。

四、迷明理论概述

"迷"和"明"，就像纠缠的两兄弟；"迷"和"明"，也是人生的两大问题。正所谓，道生一，一生二，二生三，三生万物，迷明正恰似阴阳两极，可以生万物，倒过来也生以万物归无极。迷明理论，主要回答"我走向哪里"。"迷"：混沌，鸿蒙之初，分辨不清，心里或这样或那样，有踯躅徘徊之意；"明"：日月结合，万物生息离不开日月，故有平衡阴阳、酝酿万物的意义。

迷明理论认为"世人都觉自己明，但凡明者多是迷"。明人、明情、明事，天下几人能明道？明人者，善交人、用人、为人，以为懂人，却也被人背弃；明情者，重情、讲情、谈情，处处以情滋养，却被情所伤；明事者，做事、理事、管事，世事难料，却为事所累。

世人都怕自己迷，却在迷中更痴迷。迷人苦，苦找明路，谁肯甘心迷中寻？迷者，迷顿、迷路、迷心。迷顿者，纠结、糊涂、混沌、无我；迷路者，问路、探路、寻路、自扰；迷心者，疑心、丢魂、无舍、无神。迷人者，岂知明在迷中生。世人度此生，注重身，看重事，倚重情。

得觉迷明理论就是帮助人们，解迷明，醒天性，现灵性。衣食住行，为人处世，起心动念，皆从立体维度滋养得觉生命之路。修身性，顺心性，养天性，方知空无有道。因此，世人如何辨迷明，只需谨记：迷，则行醒事；明，则择事而行。

"迷"是对各种困惑的概括，"行醒事"为应对方式。"迷，则行醒事"的意思就是：当看不清楚未来的时候，遇到无法解决的困难时，可以将其晾在一边，先把眼前的清楚的事情做好，一段时间之后再回过头来看看，思考问题就会更加周全。这其实是顺应的体现——任何事情都有内在规律，如果忽略内在规律，盲目地发挥主观能动性，就会欲速而不达。

因此，遇到一时无法解决的困难或不想学习工作的时候，一种应对的办法是放松法。可以先休息一下，睡一觉，让"自"与"我"在休息时说说话，让大脑在睡眠时帮你自动加工一番，或许问题就可以迎刃而解。另一种办法是行动法，顺势而为，心平气和地接纳困难，把能做和该做的事情做好，让自己动起来，在动中看变化、抢先机，如此便会更容易找到解决的方法。

"明，则择事而行"的意思是：当知道自己的未来或者目标时，选择性地把眼前的事情做好。这其实是"坚持"的体现——做事情有选择性，直奔目标，生命因为高效率而节约，并且表现出独特的个性。

明迷理论发现，解决问题的一个比较有效的策略是目的分析法，就是将当前状态与目标状态进行对比，然后采取一定的方法不断缩小两者之间的差距，最终达到目的。也就是说，首先要把总目标分成若干个子目标，然后在当前状态与子目标之间建立联系，通过完成一个一个的子目标最终实现总目标。其实这种方法非常简单，很多人都会运用它来解决问题。

第二节　得觉自我理论内涵

得觉是在研究"自""我"的命题上，以"自"和"我"的对话研究为核心，以观察"自"和"我"的互动关系为主线，以行为训练为提升技巧，从而达到自我和谐、自我平衡。自我理论是了知人与自然、人与社会关系的钥匙，是透视自我的开关，更是得觉催眠技术的理论基础。

一、自我理论的提出

在日常生活中，不知你有没有发现，人们每天的生活是由无数个对话组成。大部分人都会有类似的经历：冬日的清晨，天还没亮，外面寒风凛冽，甚至还飘着雪花，自己蜷缩在温暖的被窝里开始纠结。

一个声音说："外面好冷，再睡一会吧。"

另一个声音却说："快点起床，否则就迟到了！"

最终，你也许会从温暖的被窝里艰难地钻出来；也许会告诉自己还可以再睡五分钟；甚至有可能抱着破罐子破摔的心态关掉闹钟和手机，任由自己彻底放纵一次……无论做何选择，你的最终行动一定是两个声音相互妥协的结果。

其实，无论何时何地，当你需要做出选择时，内心一定会有两个声音跳出来。甚至当你面对众多选择时，你会很快地排除掉最容易放弃的选项，最后在两个选项之间做出选择。而最终的选择，一定源自两个声音相互妥协。它们有时候会相差甚远，所以你能够轻易选择；但有时候，它们势均力敌，让你左右为难。

鲜有人会思考，这两个声音究竟来自哪里。因为整个过程自己早已习以为常，以至于人们完全会忽略掉它，不会去追根究底。但如果你去深刻思索，就会发现，这两个声音代表了截然不同的自己。是的，这两个声音都来自我们自己，但是它们却代表了同一个个体内心不同的立场。比如，早晨起床这件事，主张赖床的一方，关注的是当下更直接的感受——如果我继续留在被窝里，我的身体会很舒服，因为这里既柔软又温暖；而主张起床的一方，它则关注的是泛社会化的后果——如果我能够从床上爬起来，就可以迅速穿衣吃饭，准时到达学校或者办公室，就不会遭受老师或上司的批评。

其实问题的根源，还是回归到了那两个争执的声音上。它们就像两个任性的小人，各执一端，互不相让。无论你做出怎样的选择，都是这样两个小人对话、博弈、妥协的结果。倘若把自己稍稍"割裂"一下，你就会惊讶地发现，这样两个主张不同的小人一直存在于我们的头脑里，它们都来自我们自己，但对待事情的反应、看法、思维的出发点却并不一致，甚至截然相反。它们时时刻刻都在对话、博弈。而对话和博弈的结果，呈现为每个个体不同的思维和行为模式。

得觉理论将这两个小人称为"自"和"我"，他们是我们内心对话的组成部分，并承担着截然不同的作用和价值。得觉自我理论把看到和感知到的两个小人用"自"和"我"确定下来，就如同在一个杂乱无序、经常拥堵的十字路口安装上一个红绿灯。一旦给杂乱的心安装了心灵的红绿灯（自-我心灯），我们就自然会通过关注、接触、体会慢慢了解到"自""我"心灵运作的规律。

二、自我理论的"自"及表达方式

"自"是与生俱来的，不需要后天学习且与自然连接的一种能量和信息。人在刚出生的时候是能够感知冷暖的，却不知道这些概念。同样人能感受到自己的轻松、愉悦、害怕、愤怒，以及他人的快乐和愤怒。这种与生俱来的能量和信息就是"自"，它帮助我们更好地生存。因此"自动"是"自"带着能量和信息以情的形式显化或表达给他人，这种动会随自然环境而动，随人的影响而动，所以人们的情绪会时好时坏，人们的感觉也在经常变化。"自"追求生物的本能，享受快乐、安全，没有概念，没有规矩，只求舒适。为了更加舒适，"自"会生出各种念头，比如舒服、烦、危险等，因为是生物的本能，"自"可以从宇宙、自然和家族系统中收到很多信息，这是人天生就有的本能。人出生的时候就原本自足的，就是"天人合一"的。

"自"在我们出生的时候一直陪伴着我们，是一个快乐地享受着、体验着、感受着的自我。"自"是内心的交流，和自己的对话。一个人所有的感受和体验的装置，都放在"自"里。人的"自"，有一个成长的过程，我们可以从对味觉的感受来理解一下"自"的成长过程，例如：一个小时候不会吃辣的人，慢慢喜欢吃辣。这就是一个逐步地适应、习惯和成长的过程。

"自"是我们自动产生的内心能量，是"我"的发动机。"自"的功率是可以发展、补充和升级的，伴随着"自"的成长，功率就逐步增加，产生的能量也会增加。得觉中的"自"是一种自然状态中的存在，当一个人放下了作为面具的"我"，或者远离人群回归自然的时候，"自"就会被感知到。

"自"是灵性的开关，是通向"觉"的通道，也是"我"和"觉"之间的通道，通过感受来不断地成长。"自"的存在特点是顺应、变化、自由、自在，"自"的思维方式是顿悟、感悟、灵动，而非逻辑推理。

"自"的活动形式主要是感受，即情感体验。这种体验有时是一种无意识层面的、懵懂的身心感受，有时可以上升到意识层面被语言所表达。前者是"自"的原始活动形式，后者是"自"在更高层次的发展，而后者在意识层面的表达就是汉语里面的"念"。"自"跟"情"有关系，跟"绪"有关系，它收到的是感受，要么是"情"，要么是"绪"。

"自"的表达方式是"念"。"念"是"自"产生的，是"自"说给"我"的话，是"自"的描述方式、表达方式、交流方式和显化方式。"念"是"自"的表达，其附着的能量可以越聚越多，也可以越来越少。

　　"念"是一个自动的系统，它的产生过程，就是曾经体验和感受过的直接反应。"念"是一个自我保护的装置，它以保护"我"的安全为服务宗旨，在安全的基础上确保"我"的快乐。以快乐为服务目的，就是人们平常所说的"趋利避害""追求快乐，逃离痛苦"。因此安全和快乐是"自"的基准线，也是它的基本职能。

　　"念"有个体差异，而这个差异，得觉认为是后天形成的。初生的婴儿，所生的"念"是一样的，由于成长的环境、刺激、健康以及教育的不同，逐步形成多样化"念"的形式和习惯。而得觉研究"念"核心的工作方式，就是自我提问。从"念"这个字形上就可以看出来，"念"是心对人的提问，也是人对心的提问。（详见图2-1）

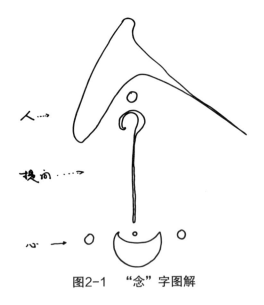

图2-1　"念"字图解

　　"念"的起伏过程中伴随着"情"。"念"的开端是以"情"为标志的，如果"念"进一步启动了"我"的程序，就产生"绪"，"念"就会在"情绪"里循环。如果循环的内容是负性的，我们体验的就是不快乐和悲伤；如果进入的程序是正向的、积极的、阳光的，我们所体验到的就是快乐和喜悦。

升级"念"或修改"念"，一是靠行动；二是靠不断重复，即不断重复确认的自、我对话。不断重复对话是升级"念"或修改"念"的一个途径，相当于电脑杀毒；而行动产生的"念"，类似于重新安装电脑的程序。

如果"念"的能量（感觉）被"我"收到，"我"就会有力。如果"我"收到这种力量并去完成"念"的内容，这样的力量就叫"念力"，如果只想不做，这叫"念想"。"我"的行为叫精进力，这样的"念"叫"正性念"。"正性念"给人的是快乐和喜悦的体验，"负性念"则给人带来悲伤和不快乐的体验。"念"用"情"的起伏来表达它的内容，释放和储藏、提升它的能量都与"情"有关系。

从字形结构来看，"念"是心在当下的体验；从语用的角度来看，"念"往往用来表达一种内在的想法或者意识，如意念、信念、悼念。我们讲的"念"是从内心的深处升起的，实际上就是从身心的情感体验中升华而来的。"念"的内容不需要逻辑，当这种"念"被"我"毫无怀疑地确认，变成行为并不断重复，就成为了习惯，习惯继续被确认就成为信念。

三、自我理论的"我"及表达方式

"我"实际上就是人际关系与社会关系中，我们经常说到的那个"我"，例如"我来自北京""我是一位律师""我是老师""我是爸爸"等。"我"就是"自"在社会关系中的存在形式，在别人眼里，就是"你"。

"我"是标签、面具和社会角色。一个人的标签是在出生时就被家人贴上的，如"王某某""李某某"，自己起初并不知道，当自己认同这个名字时，面具就产生了。面具的产生，是从幼小的时候被家人、老师、伙伴以及陌生人一次一次地确认与认同，并一次一次地被自己感受并确认而形成的。一旦形成一种自我确认的面具后，我们就会戴着这个面具去扮演我们认为该扮演的角色，并享受其过程。如果这样的角色不断地被大家认同，在社会里，在人群中，在自己的心里，就形成一个"角色—面具—标签"或"标签—面具—角色"的模式。于是我们会习惯于用这种模式里的标签、角色、面具生活，久而久之，它会成为被自己完全忽略的习惯。"我"就是这么逐步形成并发挥着不可思议的作用，从小到大，我们的经历，所学的知识，以及吸收的人生观、世界观、价值观，让我们程序化地成为现在的"我"。

"我"在扮演角色的时候，会产生责任、压力。如果能顺利完成，那就是"我"能够承受和面对的格局与空间，"我"的能力就强；如果不能面对，就会感觉到累、无助，我的能力就弱。"我"很容易受到社会的影响，就像远古的戏、现代的戏，戏中所用的面具有一个不断发展和更新的过程。"我"会产生从众的需求，受社会、时代和环境的影响。

"我"的表达方式是"信"。"信"从字形来看，就是"人"和"言"，意思是人说的话，"信"是人对外沟通交流的主要方式之一。"信"是"我"的表达方式，"我"是角色、是面具、是标签。在日常生活中，"我"就会经常戴上面具、贴上标签、扮演好当下的角色，说当下角色想说的话、说场面话、说对方想听的话，这时的话有真亦有假。因此，我们常常能听到周围人说我说谎、你说谎或他说谎，却很少能听到"自"说谎。

人与人的沟通交流，实际上是信息的交换。当一个人完全融入一件事中，用"我"表达出来，被他人看到、感受到、听到的就称为"信"。"信"是对方传来的话，收到的感受为"息"，组合起来叫"信息"。

"信"与"念"的关系以及信息的传递如图2-2所示。

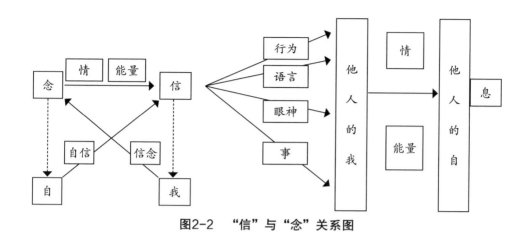

图2-2　"信"与"念"关系图

　　"自"相信"我"，"我"相信"自"，组合起来就是信念，信念是一个人强大的精神动力。我们可以从得觉自我理论来深入理解信念。"念"是"自"的表达方式，"自"每天会生出许多"念"，当"念"朝向一个方向，为了一个目标，不断地重复强化，不受周围人的影响，自己坚信不疑的时候，就成为信念。信念是"自"与"我"的交流，是内心深处的愿望，是一种心理动能。信念没有理由、没有根据，自动自发，深信不疑，并能够激发人的潜能。坚定的信念，需要有明确的自我认知，有细化的实施方案，有不断想象的成功画面，有遇到挫折时相信自己会成功的念力。人世间的奇迹大都是梦想成真的结果。拥有坚定的信念，你也可以创造奇迹！得觉自我理论认为，信念的产生是"自"对"我"的表现满意，"自"越来越信"我"的过程。得觉人的信念是要造福人类，把喜悦的智慧传遍世界。

四、认识"自我"的秘密

　　自我理论就像一粒种子，从得觉体系中发现、显化、破土，将复杂的人、人与人的关系简单化、明确化、清晰化。学习它、运用它，你就会获得全新的成长体验。它能帮助人们找到自己潜藏的、成长发展所需的动力源。

自我理论最核心的部分是修炼人的自我对话。自我对话不分种族、肤色、语种，不受国界影响，只要是人，就会存在，只是运用方式上有所差异。若对话模式以"我"为主，比较接近西方人的思维，倾向理性，也就是说理性的人对话多以"我"为主。若对话模式以"自"为主，比较接近东方人的思维，倾向感性，也就是说感性的人对话多以"自"为主。

自我理论认为，"自"为阳，"我"为阴。"自"是一种自动自发，是能量的外显，是人的自然属性。"我"是人脑中的概念和一套程序，是相对静止的内隐的，是人的社会属性。"自我"是个能量体，显化在人的躯体上，当"自我"的能量耗尽，躯体就会死亡。"自我"还是个变化源，它是可以变化、转换和消失的。它既可通过"自我"的修炼而提升，也会因为"自""我"的互动而衰减。它是自然界能量在灵性动物体里存在的方式，受自然季节变化的影响。"自我"最大的能量增量在于抓住它的阳动，因为阳是它真实的外显状态，这种状态才会让"自我"的能量越来越强。所以，"自我"是一种初始能量的耗尽过程和再补充能量的增量过程的复合体。如果我们能够合理地掌握"自我"、运用"自我"，能量就会越来越强。当能量增长到一定程度时就会转换成另一种存在状态，能量耗尽时的转换过程就是死亡。

"自我"是人在情感体验和思想意识、感性与理性之间不断寻找平衡的过程。"自我"是一种自然存在状态，是在社会中能够觉知并显化的一种存在方式，也是一种体验方式，还是一种表达方式和互动方式。"自"与"我"的交流就叫信念，"我"与"自"的交流就叫信心。"自"与"我"对话就会有念想出来，"我"与"自"互动就会产生念想。"自"会选择最好的方式让"我"随遇而安，"自"会让"我"的思想、感觉、行动与外界合拍，完全自然，没有痕迹。因此，要让"我"相信"自"，觉知"自"，感觉"自"，运用"自"，并提升"自"，感受来自"自"的博大能量，"自"和"我"就会达到和谐及平衡。

自我理论的提出源于格桑泽仁对中国语言的研究。把"自我"分成"自"和

"我"是符合中国文化、生活的一种心理结构模式，适合中国人的思维方式和思维结构。不同的思维结构会形成不同的语言习惯，反过来也可以从语言习惯深入探查思维方式，因为思维绝大多数依靠语言得以实现，思维的模式也是通过语言的逻辑得以揭示。得觉通过研究"自"与"我"的对话模式，以及通过有效的方式引导和谐的自我对话，达到心理调适与身心健康的目标。

五、用自我理论解读得觉催眠

得觉催眠的核心是让催眠师与被催眠者的"自"建立连接，让对方的"我"放下；或者绕过对方的"我"，与被催眠者的"自"建立连接，让对方处于一种高度专注和高度忽略共存的状态。在这种状态里，对方"我"的阻抗减少甚至消失了，外界的干扰也降低到可以忽略不计，被催眠者与催眠师处于单线联系的状态。被催眠者可以准确地接收到催眠师的信息并执行。

得觉催眠可以让人们把"我"的注意力持续放在"自"的呼吸上或身体的感觉上，进而舒缓紧张的神经，抚慰疲倦的身心，修复我们受伤的心灵。它让人们的"我"自动放下，完全进入到"自"的状态，在体会呼吸和身体的微妙变化时，开启人们内在的智慧，觉知生命的真谛，激发人们与生俱来的能量，进而实现心想事成的目标。

得觉自我理论还发现，当人处在催眠状态时，"我"就放下了评判，"自"就自然地显化出来，"自"和"我"就互动起来了，形成了个体内心的多种状态，表现为自尊、自信、自由、自卑、自闭等形式。这种自我结构分析模式，适合中国人的思维方式。在催眠过程中，掌握被催眠者是在"自"里，还是在"我"里，至关重要。被催眠者在"自"里，则用情交流，转换被催眠者的"念"；被催眠者在"我"里，则说事沟通，熟知被催眠者的"习惯"。

得觉催眠不仅仅是一门应用技术，其背后有深刻博大的哲学思想作指导。运用得觉催眠的方法和技巧，可以使人的"自""我"达到和谐，激发"觉我、觉自"达到"我觉、自觉、自省"，使人能够喜悦地面对当下的一切，还人性逃离痛苦、追求快乐于本真。正因为如此，得觉催眠可以给被催眠者的生命注入新的能量，将被催眠者引向能量正向循环的状态。

第三节　得觉催眠的基本观点

得觉自我理论从创立之日起，就以提升民众心理素养、带给人类美好生活为己任。得觉催眠最重要的技术就是通过自我对话找到使自己和谐的开关。自我对话和谐的开关一旦打开，内心就会走向平静并充满能量。

一、催眠的本质就是自我觉悟

生命是不断觉悟的进程，催眠师就是路上的引路人。得觉催眠不仅注重解决来访者当下的问题，更重要的是唤醒来访者的内心力量，使其在催眠的过程中得到觉悟，实现身心的改变与成长。得觉理论认为，一个人的觉悟需从心入手，从觉察每天的自我对话开始，而催眠就是那把打开心门的金钥匙。而转动这把钥匙的力，来自被催眠者本身。催眠师只是缩短你与门的距离，帮你凝心聚神，看着这扇通往你内心深处的门。门开了，有光亮了，人也就自我觉悟了。

得觉自我理论中读己识人的工作，也是明心见性的开关。我们可以体会一下，我们的内心是否经常有两个声音在对话。比如：你看到一件漂亮衣服，心里立刻产生一个念头（自）——买，但正好你最近经济不宽裕，于是心里会有另一个声音（我）说："现在买不起，过段时间再说吧。"这两个声音的博弈，决定了我们的情绪、思维、行为乃至人生境遇。是的，这两种声音就是心的日常工作模式——对话。得觉称之为自我对话。

"自"与"我"互动，人就觉察到心了。得觉自我理论认为，"我"是负责对外沟通的，是社会化塑造的产物，是角色、面具、标签。"我"在众多的角色中，会有自己最喜欢的，因为喜欢慢慢就会被固化，人们就会以为这个角色就是"我"的全部。同样，"我"是人在后天逐渐组装起的一套比较稳定的思维模式和行为方式，我们称之为价值观和习惯。如果在学习、工作和生活中，人们对自己的内心没有觉察，就会一直被"我"这些固有模式和习惯带着走，就会陷入繁忙的事务之中，"我"就不会跟"自"连接，"自""我"没有互动，心也就迷失了，"心""亡"合起来就是"忙"字。

"自"与"我"互动，人的信念就产生了。得觉自我理论认为，"自"是负责对内沟通的，是能量的载体而非能量本身，"自"是感受、体验、内隐，人们平时能感知到的"念"就是由"自"产生的。"念"本身无好坏之分，就是一种能量。但"念"一旦被"我"捕捉到，就会被贴上正向或负向的标签。人的"我"忙起来，就会忽略掉这个"念"。人的"念"被"我"察觉、接受，并赋予积极意义，最终确信无疑，就会形成人强大的信念系统。信念就是每天对着自己的心说的话，是反省、是内观、是自我感召、是原动力。

得觉催眠就是借助咨询师的引导和帮助，让一直忙忙碌碌的人，找一个身心放松的地方，让"我"休息一下，与本在的"自"连接起来，"我"就会倾听到内在"自"的声音。"自""我"一互动，人们就可以从自我纠结、自我不平衡，慢慢走向自我和谐、自我平衡，改变也就自然而然发生了。与其说催眠的本质是自我催眠，不如说催眠的本质是自我觉悟。得觉太极图（即图1-1）告诉我们，更高级的学习不是从"知"开始，而是从"觉"开始，人只有觉道、悟道，才能行道、得道。人一旦觉悟得道，就会身心合一，就会心生喜悦与智慧。人最大的智慧就在细微的生活里，而用觉悟的心去生活就是一种催眠，更是一种修行。

二、每个人的内在本自具足

人的思想主导着人们的行动，每个人的思想及思维方式决定每个人的现状和未来。但人们总是会忽略自己内心世界潜在的能量。现代心理学和脑科学已经证明，人的内在世界拥有惊人的潜能，其蕴含着无尽的力量、无尽的智慧、无尽的供给，可以满足现实的大部分需求，也就是说每个人的内在原本具足。正如王阳明所云："圣人之道，吾性自足，向之求理于事物者误也。"

得觉自我理论认为，"自"是人与生俱来的，不需要后天学习的，且与自然连接的一种能量。也就是说，每个人出生的时候，心灵之门是打开的，与这个世界本来是合一的。人出生时身体里就蕴藏着一股庞大的能量，而且这个能量会源源不断地产生，帮助人们更好地生存。然而，随着人的成长，原本开启的心灵之门，逐渐地被关闭了。向往自由的心要开启心灵之门，而我们的大脑却要紧闭这扇门。心与脑的冲突，也就是得觉自我理论讲的自我矛盾与自我纠结。现代人因为不相信自己与生俱来的能量，不相信自己内在本自具足，心始终在向外攀缘，拼命地往外索取，但是外在的事物时刻在变化，其本质是无常、不可控制的，所以我们的心就会患得患失，没有安全感。

每个人内在本自具足，意味着我们不需要向外界索取认可和能量。我们只需照见内心，就可以感觉到自我满足和由衷的喜悦，还可以散发光和热去温暖周围的人。也就是说，无论我们做什么事，都要把注意力放在自己身上。如果将注意力放在他人身上，期许他人的赞赏，在乎他人的评价，渴望他人的爱，这将为自己带来压力和不安，使自己陷入焦虑和恐慌之中。这样做，不但分自己的心，削弱了自己做事的力量，还走了一条与自己"得道觉行"相反的路，我们称之为"不知不觉"。

每个人的一生都会经历"王阳明时刻"，都会由"向外求"到"向内求"的突变。这也许是人思想逐步成熟的自然过程，也许是历经痛苦后的觉悟重生过程，但都是得到觉悟的开始，也是智慧的转化过程，更是心脑合一、身心合一的过程。得觉理论认为，人生中所经历的人与事，都是来唤醒你、觉悟你、成就你、圆满你的。酸也好，甜也好，苦也好，乐也好，都是人生的一种味道，不攀比、不纠结、不抱怨，心无挂碍欣然地接纳，就会不升起一丝情绪，就会修炼出幸福的行动、当下的面对，就会体验到喜悦的智慧、快乐的思维，我们称之为"不得而觉"。

得觉催眠发现，人的外在世界就是一面镜子，反射的是我们的内心。人人内心本自具足，本就充满理解、包容与博爱。心是爱的发源地，是爱的家，你确认了，就有爱心了。一旦人们将目光转向自己内心，就会发现自己就是一座宝藏，根本无须向外界苦求。只要心中有光，光便无处不在。催眠就是帮助人们快速与自己的内心世界连接起来，在放松的状态下，不断地和自己的内心对话，让身体柔软起来，让爱心流动起来，让心灵的家明亮起来，人们就会了知自己的天赋、自己的初心，了知自己的使命，就会发现一个全新的自己，更会创造无限的可能。记住，爱会带领我们去爱的地方，喜悦会带领我们去喜悦的地方，同样，恐惧和焦虑会带领我们去恐惧和焦虑的地方。心在哪里，感受就在哪里！

三、催眠是注意力集中状态

得觉理论认为，在催眠状态下，人的注意力高度集中在某一点上，身心全部放松下来，这时大脑其他部位就好像灯光暗了下来一样，只有少数大脑神经兴奋点特别亮，只能和咨询师保持单线联系。这种状态下，"我"的主动思维能力降低、判断力下降，你跟他说什么，他往往会不加判断地由"自"做出回应，在这个时候进行心理疗愈是最有效的。

心理学实验证明，人在进入催眠状态的过程中，注意力的分布范围会逐渐缩小，直至集中到一个非常狭窄的范围之内，收缩的焦点则是催眠师的暗示内容。

处于催眠状态下的人在注意力集中的方向上，视觉、听觉、触觉等感官都会比平时灵敏得多，这一现象被称为"感官超敏"。与此同时，思想的逻辑性也会得到大大增强，可以进行极为准确的推理分析。一个人的思想在清醒状态与催眠状态之间的差异，就如同霰弹枪和狙击步枪在威力上的差异一般。处于催眠状态下的人放弃了大部分自主性，行为不再受自己的意识控制，而是受催眠师的暗示控制，前提是暗示内容不能与他们的思想和道德倾向发生强烈的抵触，如果发生这样的情况，被催眠者通常会抗拒暗示内容，或是直接从催眠状态下"惊醒"。当你被催眠的时候，你对催眠师的语言是有觉察性的，甚至比你看到这些文字的时候更加清醒。你能够控制自己的身体和心理，做自己想做的事情，无论催眠师的技术有多高超，都无法控制你。由于催眠师不能命令你做事情，因此，催眠师也不能强制你心情变好，强迫你身体恢复健康。只有在你完全地信任、配合催眠师的时候，你才会得到满意的结果。这也是为什么催眠师并不能保证每次催眠的结果，而只能通过与你更好地沟通，获得你的信任，从而形成更好的默契，提升催眠的质量和效果。

根据催眠学界目前最新的研究成果，催眠现象产生的第一层次是物质层次——脑神经系统功能；第二层次是个人心理活动的接受情况。由此看来，那些容易接受催眠的人往往是那些脑神经系统功能状态良好，心理活动功能强、效率高而且敏锐的人。所以我们可以看见往往越是文化水平高、心理素质好、感受性敏锐的人越能够从催眠中获得好处，而过于年幼的儿童和过度衰老的老人以及生活中的低智能者因为脑神经系统功能状态不佳而难以被催眠。

心理学研究表明，人从出生开始，就在不断地在扩展记忆区，在最初的三年时间里，他们都在用"自"记忆，这种记忆速度是惊人的。从婴儿到儿童的成长过程中，儿童一边发挥着"自"的记忆功能，一边逐渐形成较完整的记忆系统，同时开始"我"的记忆。到八岁左右，大部分儿童的记忆系统已经形成。家长平时所谓的"孩子记性不好"，通常是指他们记不住课本上的内容、考试的时候想不起学过的知识，很少有家长抱怨自己的孩子记不得游戏代码，或忘记什么时间看什么动画片。其实关键并不是记住没有，而是如何在需要的时间场合中将记住的内容提取出来。

掌握催眠技能，可以帮助人们注意力更集中，学习更专注。得觉理论认为，学习到的知识只有进入人的"自"才能真正被记住，想要使用时，必须有能力从"自"当中提取出来进入"我"。由"自"储存、调取，再到"我"的反馈，这个过程即是建立了联系。如果联系没有建立好，所记忆的内容就无法在需要的时候被提取，表现出来的就是记性不好。在得觉催眠状态下，平时大门封闭的"自"处于打开的状态，得觉催眠师可以帮助人们重新建立"自"与"我"之间的联系，使二者保持一致，这样人们记入头脑中的知识和概念可以在考试等需要使用的时候及时回忆起来。很显然，这对于学习是很有帮助的。

四、催眠状态是自然产生的

得觉催眠认为，催眠状态的产生是自然的，它和人们在保持清醒状态时的心路历程是相同的。催眠过程中的梦和我们每天睡觉时做过的那些梦很相像。而得觉催眠只是在强化个人"自"的体验强度，削弱"我"对于外部事物的评价能力，让人们忘记了大脑里习惯的"我"的世界，走进内心"觉"的圣地。得觉催眠也会松动心理限制，模糊人们的时间感和空间感，让人完全沉浸在体验性的现实中。

得觉催眠是一种自然体验，而不是一种人工状态，这意味着在得觉催眠中不是让被催眠者突然掉进"全"或者"无"的极度状态，而是在催眠师的引导帮助下，让被催眠者的"我"的评鉴能力暂停，"自"的体验专注得到强化，被催眠者可以完全沉浸在体验性的现实中，自然地通往其内在世界，无须费力地进入催眠状态。在催眠过程中，当被催眠者感到被保护和安全时，就会自然而然地专注于催眠世界，从自我矛盾进入自我和谐的状态，也就是进入"觉"的世界，这会激发出很多新的思维和生活方式，大大提高催眠治疗的效果。

得觉催眠除了具有使大脑皮层发生变化及传统催眠功能以外，还会运用人自身的身体感觉——这种感觉是与生俱来的、真实存在的，得觉催眠把这一点的感觉看得非常重要。如果你觉得你身体的感觉比较敏感，那你也可以选择得觉催眠的技巧，提升自己，助人助己。当然得觉更注重研究人的生命，催眠师一旦有了得觉思维，就会见到被催眠者生命体系中可以利用的更多资源，取之自然，用之自然。

得觉催眠发现，每个人进入催眠状态的体验历程都是与众不同的，进入催眠状态的特点和速度也各不相同。比如，有的人会马上放松进入催眠状态，但几分钟过后便会迅速离开催眠状态；有的人刚开始时会变得非常警觉，特别想说话，在进入催眠状态前眼神变得固定。催眠师在这个过程中静静地观察就好，全身心感受被催眠者的感受，不带有任何自己主观的意愿，全然地跟被催眠者在一起，只是起到指导和加快进程的作用，保证被催眠者自我意识的完整性和纯粹性。更高级的得觉催眠师，在催眠过程中，经常让自己也进入那种催眠状态，和被催眠者同时体验催眠的过程，进入"无我""忘我"的状态，能够更敏锐地收到更多来自被催眠者的"信息"，如同心灵相通一样。

因此，得觉催眠不是对被催眠者的控制和指挥，更不是去重新创造他人的心理现实。作为得觉催眠师不必让被催眠者想象太多的事情，同样也不需要更不应当把自己的主观理解和体验强加在被催眠者身上。得觉催眠师只需做到"得觉三顺"，即顺时、顺势、顺变。只需利用被催眠者自己的经历、记忆、资源和已有的心路历程来进行二次引发和利用，让被催眠者将常规的思维方式和意识过程暂且放置一边，用自然的自我对话方式进行沟通，让被催眠者去尝试探索新的存在方式，并沉浸于现实体验中，使催眠过程更容易实施。

五、催眠过程有助于自我接纳

世界上没有完美的事，也没有完美的人。人从诞生的那一刻起，就注定了是有缺陷的。得觉"缺陷理论"告诉我们，人总是有缺陷的，扬长补短等于倒退，扬长避短等于停步不前，扬长弃短才能勇往直前。其实，缺陷是一种财富，是自己独一无二的标志，缺陷让我们与众不同。我们只有无条件地接纳自己的缺陷，才可以创造更美丽的人生。要知道"补缺是在做别人，扬优才是做自己"。我们一旦接受并践行缺陷理论，就可以无条件地接受自己的全部，无论优点还是缺点、成功还是失败。无条件地喜欢自己，肯定自己的价值，接纳生活中已然发生的一切，同时享受生活中的每一个当下。

人不必为缺点所累，不必把能量消耗在补缺上，放弃对圆满的追求，去找到自己的优势，扬长弃短、扬优纳缺，把自己最好的一面显化出来、展示出来，要有勇气成为独一无二的自己。如图2-3所示，缺陷只占了一小部分的三角区，我们拥有更多的是优势区，为什么不选择放开那些无法改变的缺陷，把更多的关注点放在优势区呢？当优势区逐渐地放大，缺点也就会越来越小，甚至可以忽略不计。

图2-3 个人优势缺陷比较

得觉理论发现，每个人都渴望完美，所以人们在人生路上，往往会去关注那些没有的容貌、品质、能力、经历、家庭背景等，还会花大量的时间和精力去弥补这种缺憾，满足内心深处对完美的渴望。但在具体行动的过程中，常常发现自己"三分钟热血"，坚持不了多久，并且改了半天还是老样子。甚至发现有些缺陷是自己无论如何都没办法改变的，只能被动接受或欣然地接纳。人不接受现实，内心就会受挫，就会有伤痛。伤痛并不可怕，可怕的是我们对于伤痛的过度反应。

现实生活中伤痛常常是不可避免的，但痛苦却是可以选择的。比如，工作失败了或恋爱分手了，这是伤痛，这件事情本身给我们造成的伤害并不大，但是，如果我们对此事耿耿于怀，心生怨恨，难以自拔，就会给我带来痛苦，这种痛苦就是我们抗拒伤痛的结果。我们在情感上对伤痛的反抗越强烈，由烦扰、自责和内疚所带来的痛苦也就越强烈。如果我们从开始就接纳这些伤痛，顺其自然，伤痛就会减轻。因为伤痛在被接纳时变轻，在被抗拒中变重。究其痛苦的原因，我们会发现，我们在不知不觉中已经被自己的缺陷催眠了。

在得觉催眠状态下，我们一旦发自内心地、真诚地开始接纳自己，新的思维也就容易孵化出来，成长的改变也就自然而然地发生了。这是一种在个人成长路上全新的看点和体验，不被固化的概念和世俗的观点、习惯所约束，接纳自己的一切，从中找到可以用的部分并将其展现出来，做一个全新的自己、跨界的自己，甚至是新领域的自己。

第四节　得觉催眠的主要特点

得觉催眠最大特点，是利用了藏学文化中的"真言"和"推拿"相结合的方式进行催眠，从而使催眠效果大大增强。得觉催眠利用藏学文化、藏医学的相关理论与技巧，改变了传统催眠的语言内容，用特殊的手法（包括点、提、推等）去触摸身体的二十一个部位，使被催眠者加速进入状态。此外，得觉催眠与传统催眠相比，还有以下特点。

一、根植于东方文化

自冯特创立现代心理学以来，世界上各种心理治疗和催眠技术层出不穷，虽然包装得尽善尽美，但大都属于术的层面，很少在道的层面有新的建树。这些技术常常只能救一时之急，没有长远效果。

研究发现，中国文化注重解决思想问题，西方文化注重解决现实问题。中国自古就有"解铃还须系铃人，心病只有心药医"的说法。但西方心理治疗不善于从思想下手，而习惯把一切问题指向潜意识、原生家庭、社会环境，使得原生家庭和社会环境无辜地成了抑郁症和各种心理问题的"罪魁祸首"。

得觉理论认为，心理治疗就是打开人的心结，打开心结首先要端正思想，纠正偏航。早在四千多年前，大禹治水的典故，就已经揭开了心理治疗的秘密。治心之道，犹如治水之道，既要顺从水的自然流向，又要避免由此导致的泛滥成灾。

得觉催眠根植于中华优秀传统文化，是中国本土原创心理学理论体系"得觉"的最重要组成部分。得觉催眠一直扎根中国大地，不仅吸收了儒、释、道经典和阳明心学智慧，还吸纳了中国民间游戏、语言中隐含的催眠技巧，同时还融合了近代西方催眠学研究成果和中医、藏医等治疗技术。得觉催眠是道与术的结合，更是东西方文化交融的结晶。

得觉催眠独特之处在于结合了中国传统文化对人自身学习要求的催眠理论，是一种高度的放松和高度的专注状态，以独特的催眠方式来唤醒自我、调适自己，激活自身潜在的力量。得觉催眠在临床治疗与人们日常生活应用中更贴近中国人的本源思想：我们每天都会有很专注的一段时间，意识清醒地集中在一件事或一段冥想中，此时"自"被唤醒——这种状态是我们的灵感与创造最活跃的时候。而得觉的方法则教大家如何有意识地驾驭这种状态，调动潜能，克服在一般状态下不能克服的生理、心理疾病。

二、催眠地点不受限制

得觉催眠更加注重从个人本身的催眠动力点入手，因地制宜，就地取材，在随时随地、不知不觉之间实施催眠。得觉催眠立足于对方的状态，结合藏音和点穴技巧，或拨、或拽、或引、或扶、或踢，方法不一而足。其独特之处在于暗示语不一样，并且不受环境限制，在舞台、教室、商场、运动场等公共场所，甚至在电话中、视频中都可以催眠，而且速度快、方法多样。

得觉催眠不需要选择专门的场地，也不需要刻意准备工具，更不需要特意营造安静的氛围，任何地点都可以成为催眠师的催眠场所，在喧闹的街道、病房或安静的咨询室中，都可以进行得觉催眠。

三、迅速捕捉可利用资源

得觉催眠不同于从西方传入的自我催眠、他人催眠、言语催眠、操作催眠、觉醒时催眠、自然催眠、人工催眠等技术，它能更简捷、快速、有效地用于治疗，灵活地将患者导入不同程度的催眠状态，有效降低患者对催眠的阻抗。

得觉催眠认为，每个人的经历都是独特的，过去的经验让我们时刻处于一种得觉状态，各种觉悟状态决定着他的行为与体验。因此，一个人所有的经历，所发生的故事，所有的感受、记忆、思维等，既是他人生的宝贵财富，也是得觉催眠可利用的资源，都能用来为被催眠者带来改变。同样，人生没有弯路，走过的都是自己该走的路。被催眠者身上存在的任何特点（怪癖、问题、症状等）以及创伤和苦难，都是生命里自然而然的事情，也是可以为被催眠者带来改变的重要资源。

得觉催眠可利用的资源，均来自催眠师与被催眠者互动的当下。得觉催眠师常常通过一些看似不相关的闲聊，在与被催眠者对话中，根据被催眠者当下的身心反应，确定被催眠者可捕捉的资源。每个被催眠者都是不同的，因此得觉催眠师可利用的资源也是不一样的。

四、立刻确定当下沟通点

得觉认为，你当下所有的问题都是你当下境界的体现，一旦境界提升，问题立刻消失。得觉催眠注重当下的灵活多变，关注的是此时此刻、此情此景、此人此事。学习得觉自我理论后，催眠师可以选择与被催眠者的"我"建立沟通点，又可以与被催眠者的"自"建立连接，无论哪一种连接，都是当下的连接，都是刹那间发生的事情。

简单通俗来讲，得觉催眠形散而神不散，它没有固定的套路，固定的句式，通过催眠师的引导，迅速进入被催眠者的自在状态，进而挖掘人的潜力、寻找人的优点、强化人内心的动力，从而改变人的一些认知、行为等，使其达到身心成长的结果。

当下沟通对催眠师来说，遣词造句和观察能力非常重要。要想让被催眠者的注意力集中到催眠师所提出的想法或念头上，催眠师在提出暗示的时候就必须表现出绝对的自信，让目标对象没有机会去怀疑。如果被催眠者开始怀疑，催眠也通常会失败。所以，当下沟通的方式十分重要，必须让被催眠者觉得催眠师所引导的事情的确发生了，或者的确将会发生，毋庸置疑。

五、催眠的技巧更加丰富

得觉理论认为，每个人的生命是独一无二的，是丰富的、立体的，因此得觉催眠的技巧也是丰富的、多样的。人的情绪、行为、体验都是由大脑中的画面决定，通过改变语言、神态、肢体动作等，可以改变大脑中的画面。大脑中的画面，与一个人过去的经历有关。运用得觉自我理论和催眠技巧，可以帮助人们在过去的经历中找到更多的动力点。动力点是一个人独特的经验，每个人的动力点都可能会被触动而自动进入催眠状态。找到任意一个或几个动力点，并能使其自动运作，这取决于得觉催眠师的能力。

传统催眠通常需要在一定的环境下进行，且需要对被催眠者的基本情况有一定的了解和掌握才能实施。但在面对突发情况，尤其是心理危机干预时，得觉催眠的方式方法和技巧都更丰富，更灵活，也更加适用。例如：面对一个消极心态的人，得觉催眠以怪、奇、新的方式避开他的"我"的阻抗，直接工作在他跳楼的动力点上，问他："想过倒着跳下去吗？"这种让她大脑瞬间空掉、自我对话停止的催眠话语，就是在使他迅速进入一种催眠状态。还有用惊吓导入催眠状态的瞬间催眠，类似于以戏剧化开始戏剧化结束的催眠技巧等。

总之，得觉催眠的本质是让人觉悟，觉悟并非天上的云彩，可望而不可即，觉悟就是此刻，就在当下。当人们能持续用心去感知外界时，人们对这个世界的认知将更加真实，就会开启属于自己的得觉之路。当你觉得自己没有得觉的时候，你正在处于得觉状态；当你觉得自己正在得觉的时候，你已经处于新的得觉状态。

第三章

得觉催眠的实施

近年来，得觉催眠技术作为一种临床心理干预方式，越来越受业界关注，并成为心理咨询和心理治疗工作中一种重要的实操技术。得觉催眠不是控制别人的过程，而是借由自我对话，发现被催眠者蕴藏的动力源，进而激发其内在的力量。学习得觉催眠是一个充满神奇和喜悦的过程，也是发现自我、认识自我、提升自我的成长旅程。

第一节　得觉催眠的实施步骤

得觉催眠没有固定的模式，你能够掌握的，就是当你与被催眠者沟通时，全身心地跟他在一起，感受他的感受，体验他的体验，得到他的回应。如果你能提供足够的心理陪伴，你会发现他身上存在的任何特点，都是可以利用的资源。

一、建立催眠关系

得觉催眠实施之前，需要催眠师与被催眠者建立关系。这种关系的建立需要催眠师发自内心地尊重被催眠者，愿意保持一种开放、中立而又好奇的态度去聆听，去感受被催眠者内心的欢喜和哀愁，听他们故事背后的关切和困扰。催眠师需要传递一种信息，就是很愿意无条件地尊重、接纳他，被催眠者收到这种信息，才会愿意跟催眠师建立信任关系。

沟通是得觉催眠的第一步，是达成共识、设立目标的基础，也是消除被催眠者疑虑，让被催眠者对催眠师产生信赖，最终建立关系的基础。沟通的首选方法就是：同向。得觉催眠中的沟通需要做到放下评判、情感关联、需求互动，也就是说，"沟"的是需求，理清与对方"我"的关系；"通"的是情感，接通与对方"自"的连接，让对方放下"我"的评判，实现"自"的能量流动。在沟通过程中还需要注意谈话的方式、和谐的气氛以及肢体语言的配合，时刻以真诚自信、善待他人的态度去倾听和赞美，以达成共识、设立目标。

通过沟通，催眠师还需要进一步了解被催眠者的基本情况及主要诉求，确立共同的催眠目标，比如自我增进或改善、纠正某个坏习惯、解决某个心结等，目标越清晰，效果越好。在以往的得觉催眠实践中，催眠师常常发现，许多被催眠者只是有严重的情绪困扰，但对主要问题在哪里缺乏梳理、聚焦不够。遇到这种情况，催眠师就要加以引导，帮助被催眠者理清思路。比如，让被催眠者在十二个字以内，把最想解决的问题概括出来。一开始，被催眠者可能做不到，会啰里啰嗦地说很多话，但随着催眠师的引导和讨论的深入，大多数被催眠者可以逐步清晰地概括出来。在所有的问题中，主干问题，或者不是主干问题却是当下最迫切需要解决的问题，都可以作为催眠的目标。

二、进入轻度催眠状态

人进入催眠状态后，会有一系列的表现，很容易被识别，最明显的是非常专注，对身边人或事视而不见。眼神也会有变化，或迷离，处于走神的状态；或亢奋，两眼发光，精力高度集中。如果是闭着眼睛处于放松状态，可以抬抬对方的手，让其自然落下，看对方的肢体是否全然放松；或者给对方一些简单的指令，比如站在被催眠者背后，让对方向后倒，看对方是否无阻抗地执行，我们可以通过这些方式来判定对方进入催眠的程度。

用凝想、闭眼、举手等方法，导入催眠状态，是帮助被催眠者放松，进入催眠状态的过程。催眠师可以根据被催眠者的具体情况，灵活运用多种催眠导入的具体方法，比如：视觉导入法、听觉导入法、嗅觉导入法、体感导入法等。在这个过中，催眠师心要定住，不要因为被催眠者一时不适应自己所用的方法就慌了神。一个方法效果不好，立马换另一个，在此过程中，不仅要敏锐地觉察被催眠者回应的每一句话，更要留意对方的肢体动作。有的被催眠者带着阻抗，或者心太急切而出现心口不一的情形，催眠师要仔细分辨，不要被对方表现出的假象带偏节奏。所以，"定"是得觉催眠师最重要的功力。只要催眠师的心定住了，就能够很清晰地看到被催眠者的真实状态。

三、进一步加深催眠状态

随着放松的进行，被催眠者在催眠师的引导下，逐渐进入催眠状态。把对方带入催眠状态后，需要进一步深化和强化。否则人的意识会很快重新回到原来的状态，重新产生评判状态。目前比较常用的深化催眠的方法有放松法、光照法、手臂下降法、数数法、下楼梯法、隧道穿行法等。

得觉催眠中最常用的加深催眠状态的方法是放松法。在整个放松过程中，催眠师需要时刻把握节奏，与被催眠者同频呼吸，并在被催眠者吐气的时候，加上催眠指令，之后以画面法加深被催眠者的感受。在进入深度催眠的过程中，催眠师要善于捕捉对方反应里最灵敏的那个点、最在意的那个点，顺势往深处带，引导对方进入"我"与"自"深层次对话的状态，找到对方最重要的动力点。

四、启用新的动力模式

得觉理论认为，使用催眠技术的根本目的是唤醒被催眠者，让其生活得更加幸福，而其中一个关键点，就是借助催眠启用新的动力模式。启用新的动力模式的关键，就在于重复暗示，建立新的信念系统，被催眠者要发自内心地确信，毫不怀疑。启用新的动力模式的方法就是：通过自我对话进入心理暗示。

　　启动新的动力模式的前提，是发现每个人身上独特的动力点。通常情况下，与每个人的自我连接最深的点，就是每个人的动力点。很多困扰被催眠者的问题背后，就隐藏着解决问题的动力点。

　　许多受情绪困扰的人，对其动力点在哪里并不清晰，因为其动力点与纠结点是合二为一的。之所以造成这种局面，是因为有相当一部分人看问题的角度不对，自我对话是负性的，"自""我"之间的能量是消耗的，一直把问题当作问题，尝试在"我"的层面解决，又会带来许多新的问题。其实问题即是道路，问题即是资源。

　　看到这种情况，催眠师就要善于通过引导，帮助被催眠者找到新的看点，拓展其思维，打开其格局，把心里的疙瘩解开。需要注意的是，这时切忌讲道理，道理是讲给"我"听的，只有表面效果。如果道理纯粹是催眠师讲给对方听，而不是对方自己体会到，效果就会大打折扣。在这个过程中，催眠师需要有相当的耐心，跟着被催眠者走，根据对方当下的状态，能引导到哪里就到哪里。得觉催眠实践证明，生命层次的提升，不是越高越好，而是越贴近被催眠者当下的状态和需要越好。这样的引领，才是有针对性的，才是可以在催眠后带入生活的。

五、因势利导进行疗愈

　　给被催眠者以新的看点，需要催眠师非常熟悉得觉自我理论，善于从"我"的各个维度去寻找问题的症结：是角色理解问题？是标签贴错了？是能力不足？还是价值观需要扩大……有的人问题单一，处理起来较容易，效果较快；有的人问题是综合的、交叉的，处理起来很困难，就需要时间逐一清理，不可一味求快。否则，表面处理了，事后也很容易反弹。

　　在寻找新的动力点的过程中，调整、改变被催眠者"自"的感觉和体验，也是很常用的方法。有时，人幼年时的某一次事件的不好的感觉会沉淀在心底，然后泛化开来，将不好的感觉附着在其他不相关的事情上，这就阻碍了人对新事物的接受和学习。如果催眠师能发现这一点，并在对方处于催眠的状态时，用适当的语言进行引导，给对方种下新的体验和感觉，那么很多问题无须在"我"的层面做工作，自然会迎刃而解。

新的动力点一旦启用，催眠师要及时引导被催眠者反复强化，予以巩固。可采用的方法很多，比如：如果是找到了帮助被催眠者树立信心的一句话，可以让被催眠者反复大声地把这句话喊出来，每喊一次，叫一遍自己的名字；如果是帮助被催眠者清晰了一个具体的目标，可以让被催眠者冥想这个目标的细节，越详细越好，仿佛目标已经实现，亲临其境一般，把这个画面深深地印在被催眠者脑海中，把这种感觉深深种到被催眠者心中。每个被催眠者的个人经历、自我对话不同，其动力点不同，因而巩固催眠效果使用的方法也各异。如何巧妙适当地进行巩固强化，取决于催眠师的功力。

六、从催眠状态中唤醒

得觉催眠最后一个步骤是适时唤醒。这个环节也非常重要，关系到被催眠者被唤醒后的直接感觉，以及能否顺利地把催眠中接收到的信息带入日常生活中。催眠后的唤醒，不是一个简单的结束动作，而是催眠的"豹尾"。

有时，唤醒是一种强化。这时，催眠师常常会用倒数数字的方法，将对方唤醒，并且在唤醒倒数前，再次让被催眠者确认他的新的动力点以及其他在催眠中接收到的信息，然后在倒数结束时，突然提高音量，让被催眠者在惊吓中被唤醒，之前的一切就牢牢地印在了被催眠者的心中。

有时，唤醒是一种自然过渡。这种方式常常用于被催眠者需要充分地安抚或放松的情况。催眠师可能会告诉对方："你将会很舒服地得到充分的休息，并在你需要醒来时自然醒来。"这样的唤醒，让被催眠者从催眠状态自然流动到清醒状态，用满满的"自"的感觉，推动被催眠者将催眠中接收到的信息持久地运用下去。

以上是得觉催眠的六个基本步骤，可以作为新手催眠师开展催眠实践的参考，待催眠师对得觉自我理论理解深刻且催眠技术娴熟之后，便可以达到"法无定法"和"从心所欲不逾矩"的艺术境界。

第二节　得觉催眠的方法

得觉催眠从初步导入催眠，到进入深度催眠状态，整个催眠都有一套完整的催眠方法。得觉催眠方法简单易懂，能够很快地掌握，既可以用于自我催眠，也可以用于催眠他人。得觉催眠旨在帮助被催眠者放松身心，实现"自"与"我"的交流，从而认识自我，提高自我意识和自我控制能力，达到改善身心健康、缓解压力、提升效率等目的。

一、得觉催眠的引导方法

一次有效的催眠，离不开行之有效的方法。得觉催眠的引导方法是通过语言暗示、情景描述，利用人的感官知觉，引导被催眠者进入深度放松和催眠的状态。

1. 初步催眠导入的方法

得觉理论认为"信"是我们传递给别人的一套表达，而别人收到的叫"息"。人接受信息的途径有不同的感官通道，得觉催眠也正是利用这些立体的感官通道，迅速将被催眠者导入催眠状态。

1）视觉导入

视觉导入是一种最常见的催眠导入方法。我们在电影电视里常常见到这样的场景：催眠师用一个挂表在被催眠者眼前不停地晃动，很快，对方就觉得眼皮沉沉的，然后慢慢闭上了眼睛。这就是用的视觉导入法。得觉催眠师也可以不借助工具，直接用眼睛与对方对视，从而进入凝视状态，在这样的状态下，催眠师自己首先进入入定的状态，再借由对视和凝视，将对方直接带入催眠的状态。这样的催眠，可能只需要一两分钟，甚至几十秒，对方就可以被催眠。

2）听觉导入

人的眼睛可以闭上，耳朵却不可以关上，用听觉来将对方导入催眠状态，常常让人难以抵挡。采用听觉导入法，可以让被催眠者去听各种声音，分辨不同的声音，被催眠者会跟着声音进入特殊专注状态。除此之外，催眠师主动用语言进行引导，也是非常常用的方法。

3）嗅觉导入

有的人对气味很敏感，思维容易跟着气味跑。对这种类型的人，用嗅觉导入的方法会非常快速且有效。让他闻各种味道，喜欢的、不喜欢的，熟悉的、不熟悉的，总会有一种气味让他进入到特别专注的状态，这就是催眠了。

4）触觉导入

这种方法，是直接作用于对方的体感，绕过"我"的评判，直接与"自"相连接，因而效果也非常明显。比较常见的有点穴法，直接用手指点被催眠者的穴位，使其将注意力集中到穴位上，随着催眠师点不同的穴位，被催眠者也就越来越专注于不同穴位的感觉，在不知不觉中将"我"放下，从而进入催眠专注的状态里。也可以局部地刺激被催眠者的某个部位，让他充分地体验和感觉。触觉导入法对评判性很强、思维活跃性很强的人效果较好。

5）情景导入

情景导入是催眠师常用的方法。让被催眠者反复几次深呼吸，待对方放松以后，给他描述一个情景，让其跟着催眠师的引导，慢慢进入情景。情景导入法要取得效果，需要在催眠前进行有效沟通，掌握被催眠者的一些素材和信息，选择的情景应该是对方可以想象或者向往的，如果是对方完全陌生的，他可能因为无法跟上催眠师的引导，而很快从催眠状态出来。如果对方排斥催眠师引导的情景，也可能引起对方的强烈阻抗而失败。

通过提问，让被催眠者自己回忆一个记忆深刻的情景，并用语言将其描述出来，如此可以避免催眠师主动选择情景，发生与被催眠者脱节的情形。而且，被催眠者自己选择的情景，在描述时会不自觉地带出情的流动，自然而然就进入了回忆的专注状态。此时，催眠师再加入适当的暗示语引导，催眠信息就很容易被对方收到。

6）快速导入

快速导入是各个流派都有的一个方法，但得觉的快速导入方式一定是跟得觉自我理论相匹配的。如何让对方的"我"迅速地放下，进入一个自觉、自动、自然的状态，这就是得觉快速导入法的基础。有了这个基础，我们就可以根据被催眠者的不同特征，从视觉、听觉、嗅觉、触觉、体觉等各个维度、各个路径引导被催眠者迅速地进入催眠状态，这些都是得觉独有的快速引导催眠的方法。

首先从视觉方面快速导入的角度看，让对方集中精力专注在一个点上。我们观察对方的专注力，人在很专注的时候，瞳孔就会改变，瞳孔改变的瞬间就让他闭上眼睛，他就可以迅速地进入催眠状态；或者你可以对视着他的眼睛，如果对方看到你的一双眼睛变成一只眼睛，或者四只或六只眼睛的那个瞬间，你让他闭上眼睛，他就进入了催眠状态，整个过程其实只需要不到一分钟的时间。这是视觉的快速导入法。当然，视觉快速导入的方法可以有上百种，因为每个人都不一样，所以在这里只介绍两种视觉快速导入的方法。

听觉快速导入，就是让被催眠者重复他自己最熟悉的一句话，这句话最好是他自己的名字，你只需要把名字按照他的节奏和韵律，让他倒着重复四十九遍，整个过程也不会超过两分钟，最多三分钟他就会进入状态，甚至有些时候一两句话就会进入状态。当然，得觉还有独有的"咒语"，我们会用"嘟噜""萨婆"等"咒语"，根据不同人的特质，将节奏做调整，被催眠者就会进入催眠状态。

嗅觉快速导入，嗅觉是打开体感的重要通道之一。嗅觉是每个人非常敏感的一个特征，嗅是人的一种本能的行为，因此通过嗅觉引导，让他去感受一个遥远的气味，而且他感受的这种气味一定是在他心里的，你可以让他描述这样一个气味，并且用身体去体会。如果他感觉到浑身的每个毛孔、每个细胞都在吸收和享受这样一种味道，也只需要一分钟时间，对方就会进入催眠状态。当然，我们也可以拿一些日常的植物或者是水果，直接让他闻其中的气味，一样地用身体去闻而不是用鼻子去闻。

触觉快速导入。触觉的利用最主要的是两个地方，一个是脚拇指内侧缘，另一个就是头皮。我们可以将手轻轻地放在被催眠者头皮上，让他感觉左下肢的拇指，或者我们将一个手指轻轻地点在他的脚拇指上，让他感觉头皮，他就会进入催眠状态。

体觉快速导入。就是让被催眠者进入一个倒立的空间感觉状态。他虽然是坐在那里或躺在那里，但是让他感觉到身体飘起来了又落下去，如此反复，这个时候我们可以用介质将他的肩胛骨轻轻地往上拖，连续做三次，然后慢慢地往下落，落下来以后，让他去体会身体往下坠落的感觉，一般来说，不超过三分钟，对方就会进入状态。

7）综合导入

得觉催眠最大的特点是灵活、立体。催眠师不会固守于某一种技法，而是根据对方状态的变化，灵活地运用多种方法进行催眠。前面介绍的视觉导入、听觉导入、嗅觉导入、触觉导入、情景导入等方法，都是可以随机组合、交替使用的。如在一开始放松时，催眠师可以引导被催眠者去感觉自己各个部位放松的感觉：头部一点点放松、肩膀一点点放松、手一点点放松、腰一点点放松等，这是用的触觉导入法。然后，催眠师还可以让对方去听，周边有什么声音；闻一闻，有什么味道；或者闭着眼睛，问大脑跳出了什么颜色、什么物品、什么场景，这就带入了听觉导入、嗅觉导入、视觉导入、情景导入。每个人的敏感区是不同的，可能催眠师一开始并不清楚对方的敏感区在哪里，通过对催眠方法的综合运用，看对方对哪一个方法的感觉最强、回应最明确，就说明这个方法对被催眠者最有效，就可以多次反复使用，将其带入催眠状态，这就是得觉催眠灵活、立体的催眠特点。

2. 得觉深度催眠的引导方法

深度催眠状态是在较浅级别催眠状态基础上的加深，加深的常用方法主要有以下几种。

1）连续加深暗示法

进行放松催眠后再深入进行暗示，暗示语的语调越来越慢："你已进入催眠状态，为了加深你的睡眠，请再放松。"

当放松面部肌肉后让被催眠者充分体验放松感，必要时用手试着提开上眼睑，说："现在真正地放松了，眼皮很松了，一点也睁不开了，再放松，再放松……很松了……上肢再放松，放松，一点也没力气了。"此时试着弯曲被催眠者的上肢，有意识地将其手臂微微抬起，突然再放掉，任其手臂下垂，并暗示："这就真正放松了，一点力气也没有了。我给你按摩一下，你的上臂肌肉会紧张收缩不能弯曲……注意就要收缩了。"

可以试着弯曲被试者的手臂，如果他的肌肉确因收缩而不能弯曲，就证明他在催眠状态下具有较强的受暗示性。再暗示："现在你的注意力全部集中了，只能听到我的讲话，并按我的指令去执行，任何外界的干扰都不会影响你，也听不到外界其他的任何声音，只能听从我的指令。你已沉睡了，再沉睡，睡深一点！再睡深一点……"

2）间断加深暗示法

进入浅催眠状态后让被催眠者休息片刻，暗示："你已进入浅催眠状态，不会有任何人打扰你。睡吧，你会越睡越深，等你睡深时我再与你联系，只有我的声音你才能听到，睡吧！"

稍等数分钟再进行加深催眠性暗示："你睡得很深了，现在你极为沉静，再深睡，你就能听到自己的呼吸声，再深睡吧！听听自己的呼吸声，外面已无干扰声音，深睡吧！"

间隔一段时间后与被催眠者联系："现在你睡得很深，你会感到躺在温暖的沙滩上沐浴着阳光很舒服，无忧无虑，再继续享受这种愉快舒适吧！"

这时要求被催眠者回答是否有如上所说的感受，如果被催眠者回答已经体验到了，就证明他已进入深催眠状态。

3）快速加深法

在浅催眠状态下，被催眠者业已接受一定的暗示和指令，此时可以告诉被催眠者："我将帮助你迅速地进入深催眠状态。"或"你坐起来或站起来，但仍不会醒来，当我突然叫一声'深睡吧'，你就能沉沉入睡。"

这时要扶住被催眠者，防止他突然深睡倒下。暗示："注意，当我叫一声'深睡吧'，你就会突然倒下入睡，外界的任何声音你都听不见，只能与我联系，注意我叫了——"随后叫一声："深睡吧。"被催眠者会立即进入深催眠状态。

4）数数法

步骤：先要有一个准备阶段，就是要先告诉对方，比如在准备阶段说："等下我将会从五数到一，我每数一个数字，你的身体将会一点点地放松，当我数到一的时候你整个人将会更加地放松。"

然后就告诉他："接下来我将开始数了，我每数一个数字，你的身体将会一点点地放松。"这里需要注意的是，催眠指令无论是要求对方放松还是测验，都需要不断地重复。

然后开始数五、四、三、二、一。"好了，你现在已经完完全全地进入了放松状态中，你整个人非常地舒适、非常地放松，你的身体很舒服、很舒服。"注意，在数数的时候，每数一个数字可以根据当时对方给你的反应，适当地加入一些指导语，可以有节奏地进行，也可以简单地不断重复。比如："五，你现在的头部放松了、放松了；四，你的肩膀放松了、放松了；三，你的背部放松了、放松了；二，你的双腿放松了、放松了。接下来要注意的是，当我数到一的时候，你整个人将会完完全全地放松。"这里提到一个注意事项，需要告诉对方接下来会是一个怎么样的状态，让他提前做好准备，那就可以很好地接收到你给的信息。

5）下楼梯法

下楼梯，顾名思义就是往下走楼梯，一个人一步步进入地下室的感觉，就如同一个人一步步进入自己的"自"中，而地下室同时又象征着很多东西，如母亲的体内、未出生前的状态等。所以这个深化指令很具有象征意义，诱导得好的话，可以出现一个非常棒的状态。

步骤：开始说："接下来，我会从五倒数到一，当我将数字念到一的时候，你会发现，不知不觉间你已经来到了一个楼梯口，楼梯口下面是地下室。此时，请轻轻地动一下你的右手大拇指，如果你不喜欢地下室，就请你轻轻地动一下左手大拇指，这样，我看到就明白了。请留意听我数数：五、四、三、二、一。"如果你观察到对方右手反应，则继续；左手反应，则停止并寻找他法。接着引导："很好，这是一个很安全的地下室，你可以打开墙上的开关，这样，楼道里的灯光也就会被打开……接下来，我从十倒数到一，每数一个数，你可以往下走一个阶梯。此时，你会感觉比刚才更放松、更自在……当我数到一，你将进入更深的催眠状态……"运用这一方法时最好先询问对方的情况，如果对方有这种封闭空间恐惧症，则应另寻他法。

6）手臂下降法

手臂下降法，这种方法简单、有效、容易分辨。当你觉得被催眠者有需要进入更深的催眠状态时，指示他："现在我会把你的右手举起来，保持在这个高度。等一下当我把你的手臂放开时，你就按照自己的感觉，一点一点地放下来。你的手臂每放下一点，你的身体会更放松，心里更轻松自在。等到你的手臂回到原来的地方时，你就会进入比现在更深的催眠状态。

步骤：首先按照原先准备好的引导词进行，也可以在熟练掌握后用自己的语言来表达。刚开始，你可以提醒他："随后，我会把你的右臂轻轻抬起来。"然后你可以轻举他的右手。接下来，你可以抬着他的右手说："就这样，让手自然保持这个姿势。"过一会儿，说："等一下，我会慢慢放开你的右臂，你可以让右手完全追随自己的感觉，慢慢地放下来，每当你的右手往下放一点，你都会感觉更轻松……"这时可以继续引导。当然，如果你认为被催眠者还未达到能进行心理治疗或者其他任何你想要的催眠深度的话，你可以重复进行催眠，当然，你也可以更换催眠深化手法。

二、感受性测试的常用方法

催眠感受性是指被催眠者接受暗示的难易程度。心理学家发现对催眠的受暗示性与一个人的态度和期望密切联系，凡对催眠持积极态度，相信催眠的可能性，同时又对该催眠者表示信赖时，他就容易很好地配合接受暗示并取得催眠的成功。

测试得觉催眠感受性的小技巧很多，不同的催眠师也会有不同的习惯。下面介绍几个常用的简单易操作的方法。

1. 注视转睛法

催眠师与被催眠者相对而坐，催眠师可以拿出一支笔，让被催眠者注视这支笔片刻，观察被催眠者能否比较久地注意笔，然后缓慢地上下、左右移动笔，若被催眠者的眼珠能随着笔的移动而动，说明其敏感度较高，反之则敏感度较低。

2. 闭眼法

让被催眠者坐好，身体保持放松状态闭上眼睛，然后告诉被催眠者："你的全身已经放松了，你的眼皮越来越沉，渐渐地会感觉到无力，甚至抬不起来。"然后让被催眠者睁开眼睛试试，如果被催眠者真的睁不开眼睛，说明其敏感度较高，反之则敏感度较低。

3．举手法

让被催眠者坐好，两臂保持放松状态，然后告诉被催眠者："你的手臂已经放松了，越来越放松，渐渐地会感觉到无力，甚至抬不起来。"然后让被催眠者举手试试，如果被催眠者真的无法举手，说明其敏感度较高，反之则敏感度较低。

4．抬手法

先让被催眠者闭上眼睛，深呼吸几次，放松下来。催眠师接下来进行引导："请继续闭上眼睛，双手慢慢地抬起来。想象你的左手下面托着一个气球，气球越飘越高，越飘越高。你的右手上面放着一个铅球，铅球越来越重，越来越重。"几分钟后，看被试者的反应。如果他的两只手之间差距越大的，说明其敏感度越高，反之则敏感度越低。

5．摆手法

让被催眠者坐好，并将手臂自然下垂，放松。催眠师握着被催眠者的一只手左右摆手，如能跟随催眠师无抵抗地摆动，或者当催眠师已经松手后仍然能够根据催眠师的指令摆动的，说明其敏感度较高，反之则敏感度较低。

6．躯体摇摆法

让被催眠者站好，双脚打开与肩同宽，身体保持直立。催眠师站在被催眠者背后，双手放在被催眠者肩头，示意被催眠者左右摇摆身体。当催眠师将手拿下来后，如果被催眠者仍然能根据催眠师的指令摇摆，说明其敏感度较高，反之则敏感度较低。

7. 后倒法

让被催眠者站好，告诉他心情放松，不要怕跌倒，有人会在后面接住他。催眠师站在被催眠者的后面，让被催眠者双手下垂，闭上双眼，身体向后倒。如果被催眠者真的向后倒，说明其敏感度较高，反之则敏感度较低。

8. 下肢放松法

让被催眠者坐好，两腿保持放松状态，告诉被催眠者："你的腿已经放松了，越来越放松，渐渐地会感觉到无力，甚至抬不起来。"然后让被催眠者抬腿试试，如果被催眠者真的无法抬腿，说明其敏感度较高，反之则敏感度较低。

9. 感觉检验法

用相同的杯子装上同样的水，让被催眠者闭眼，深呼吸，放松，然后让被催眠者依次品尝三杯水，同时告诉被催眠者：一杯是白开水、一杯加了一点盐、一杯加了一点糖，请他分辨哪杯是盐水，哪杯是糖水，哪杯是白开水。敏感度越高的人，越容易受暗示，在更短的时间内，会依照催眠师的引导，说出自己分辨的答案。

10. 催眠感受性量表

在催眠感受性的测量工具中，最著名也被公认最为有效的是"斯坦福大学催眠感受性量表"，该表由希尔加德（Hilgard）教授于1965年制成。该量表共十二个项目，每个项目表示一种活动，由被催眠者跟随催眠师的暗示自然完成动作。通过一个项目得一分。见表3-1所列，得分越高，说明其敏感度越高。

表3-1　斯坦福大学催眠感受性量表

序号	暗示的活动	通过标准
1	姿势改变（你弯下身去！）	无须强迫就自动弯下身去
2	闭上眼睛（你的眼皮越来越沉重！）	无须强迫就自动闭上眼睛
3	手向下垂（你的左手垂下去！）	在十秒钟内左手垂下约十五厘米
4	手臂定位（你的右臂无法移动！）	在十秒钟内右手举不到十三厘米
5	手指并拢（你的手指无法分开！）	在十秒钟内手指无法张开
6	手臂僵硬（你的左臂开始僵硬！）	在十秒钟内手臂弯曲少于五厘米
7	两手合拢（你的两手相向合拢！）	在十秒钟内两手合拢十五厘米之内
8	口语抑制（你说不出自己姓名！）	在十秒钟内无法说出自己姓名
9	幻觉现象（你眼前有一只苍蝇！）	被试者挥手试图将之赶走
10	眼睛失控（你无法支配你的眼睛！）	在十秒钟内睁不开眼睛
11	醒后暗示（醒后请坐另一把椅子！）	醒后表现出移动的反应
12	失忆测验（醒后你将忘记这一切！）	所能记忆的催眠中的项目少于三个

三、得觉催眠状态的判断方法

经催眠后是否进入催眠状态，通常情况下是可以按催眠深浅度进行测验的，但也要因人而异。催眠师在催眠过程中还要善于观察被催眠者的各种表现，掌握进入催眠状态的特征，以判别被催眠者是否进入催眠状态。

1. 得觉催眠状态的三个等级

得觉催眠跟其他催眠状态一样，一般分为三个等级：浅度——意小念微，中度——念微，深度——无我无念。

在浅度状态下，被催眠者处于一种特殊的清醒状态——身体呈安静的放松状态，全身肌肉松弛，手和脚放松到无法活动，眼皮沉重甚至无法睁开眼睛，思维专注、清晰，会忽略无关信息，心中明白脑子清楚，能感受到周围的情况，可听到别人的讲话声和周围的嘈杂音。此时被催眠者的受暗示性不是很强，保持着一定的判断能力，可以被外来的强刺激唤醒。唤醒后，被催眠者的"我"清醒，完全知道自己的行为和思维内容，"自"感到非常的轻松、舒适。

在中度状态下，人呈嗜睡状态，全身肌肉松弛无力，无自主地随意运动，受暗示性增强，批判力差。人的"自"的感受进一步被唤醒，思维更加专注在一点或一件事情，对无关信息的忽略范围更大，知道发生的事情，但会感到意识无法完全控制行为，只能控制催眠指令中的行为。甚至有些人会有幻觉出现，如沐浴在阳光下；有的会感到像在海滩上散步，非常轻松愉快，乃至有美好的梦境出现。唤醒后，被催眠者只能保留部分催眠过程中的记忆，其内容更接近催眠指令而非真实情况。

在深度状态下，人面部表情呆滞，肌肉完全松弛，可以在暗示下起步行走，但动作较迟钝。此时，除了能听到催眠师的声音外，被催眠者的其他感觉几乎全部消失，呈现高度的受暗示性，失去自制力和判断力，绝对听令于施术者，可出现各种暗示性幻觉，其人格、记忆都会发生改变。在暗示下，被催眠者能使全身肌肉达到高度僵直状态和各种蜡样般屈曲的姿势，对痛觉等刺激完全丧失，一杯白开水可以经暗示而当作糖水津津有味地喝上数口。在深度催眠被解除后，被催眠者不会记得这期间发生的事情。

上述三种状态，并不是每个被催眠者都必须经过的阶段，因为人体身心状态存在差异，进入催眠状态感应性也有强有弱，也就是说，人各有异，因人而异。有的人进入催眠状态时，根本不符合前面所说的次序；而有的人却是忽然进入深度催眠，而又忽然停滞不前，甚至不出现眠游状态。一般说来凡是能够感应暗示的人，都可以呈现深度催眠状态。

2．催眠状态的判定方法

催眠状态是一种特殊的意识状态，被催眠的人对外界的其他刺激不起反应，但对催眠师的一切言行则非常敏感。能听到催眠师的言语，回答催眠师提出的问题，也能服从催眠师的指令，做出各种动作和行为。通常人进入催眠状态会有以下一种或几种不同的表现。

（1）面部肌肉松弛，表情显得呆滞，脸色由红润渐转苍白后再转红润。

（2）两眼微闭，眼睑自然下垂，轻触睫毛不会眨眼，眼睑无颤动或眨动。眼球转动减少或只有较慢的游动。被催眠者睁眼仅眉毛上提而不能睁开，用手上提眼睑时有眼球躲避现象，只见虹膜或眼球上移。

（3）上下嘴唇不紧闭或微张开，舌头无蠕动，无吞咽动作，也无咬牙咀嚼动作。

（4）颈部肌肉松弛后不能主动随意转动头颈，被动运转时颈部无抵抗，将头部置于不适位置也不能自行调整。

（5）四肢肌肉呈松弛状态，抬手提脚时无力而沉重，突然放手后会迅即下垂。即使四肢被放置在不舒适的位置也无抵抗，不能自行调整。

（6）呼吸平稳而均匀，有时大口喘几口气，再处于平稳而均匀的呼吸状态，甚至能听到鼾声。

（7）脉搏由快渐慢，前后约相差五到十次每分钟。

（8）主观感知面部及肌体发热，对来自外界的其他刺激感知减弱；痛觉刺激反应迟钝或消失，也可因暗示敏感而增强。

（9）在催眠状态下的受暗示性增强，只接受催眠师的指令，可出现暗示性幻觉、错觉，有把白开水当作是糖水等暗示性表现，且不接受他人暗示。

（10）只与催眠师保持交往，但反应较平时迟钝，呈被动状态。回答问题时语言较慢、音量略低，呈疲劳嗜睡状态。

第三节　得觉催眠的语言使用

俗话说："良言一句三冬暖，恶语伤人六月寒。"催眠师一句入情入理的理解尊重的话，就能给被催眠者莫大的安慰。而一句不合时宜的话语，就如一把利剑，刺伤人心。得觉催眠是一门科学，更是一门艺术。得觉催眠师要坚持用自我理论修身，更要不断提升自己的话术，要从能说话、会说话，到说好话、说对话，这也是我们每个人都需要不断提升的能力。

一、得觉催眠中的语言艺术

在催眠过程中，催眠师不仅要懂得说话的艺术，更要注意自己的语音、语气和语调；不仅要平和，还要沉着镇定；既要充满情感，又要坚决果断。而比这些更为重要的是，催眠师要能随时密切观察被催眠者的任何细微反应，注意观察被催眠者已经进入何种程度的催眠状态。只有懂得说话的艺术，又能有敏锐的观察能力和准确的反应能力，才能保证催眠的效果。

1. 得觉催眠师的话术

话术，说话的艺术，又名语言的艺术。它看似简单，却包含着做人做事的技巧，安身立命的法门，治人控场的手腕。话术虽然只是一门说话的技巧，却依心而生，同权术、心术，并称"安身要术"。

得觉催眠师，要想自己说话产生艺术感，首先要了解"话术的组成"。

（1）观察——要时刻观察被催眠者的一举一动，一言一行，从中获得可用于催眠的资源，找到促使催眠成功的关键点。

（2）语气——只有用合适的语气创造出一个非常好的谈话条件，才可以让别人愿意同你交谈。

（3）语调——只有说话抑扬顿挫，才可以"说得比唱得好听"，让人忽视周围，只听我们讲话。

（4）表情——只有表情丰富，才可以增加对方的投入度。

（5）眼神——如果你不敢去看对方的眼睛，那说明你的话术非常弱，要让眼睛会说话、会笑，在自然而然中影响别人，让别人感觉到你的信心非常强大。

（6）肢体动作——适当的动作可以增加语言氛围的立体感，比如一直竖起大拇指赞美对方、点头认同等。

（7）心绪——谈话要一心四用：一是嘴上说的要控制语速和情感；二是眼睛要观察对方的表情；三是要分析对方的心思和想法；四是要立刻找出新的切点和爆点，并对切点结果作出准确的引导。

（8）感情——如果在谈话时可以辅助其他感情作为分支，那么就可以达到锦上添花的效果。

此外，现代心理学研究证明，人们主要通过三种方式来传递信息：言语、语音语调和肢体动作。其中言语的影响只占7%，语音语调占38%，肢体动作占55%。因此，催眠师的肢体语言在催眠中起着非常重要的作用，对方会通过你的肢体语言感知你的情绪、信心和可信度，并由此决定是否与你达成共识。

2. 沟通交流中的催眠技巧

催眠是一个互动的过程，被催眠者的每个表达都可以有深层的意义。如果催眠师听懂了这个意义，将会更理解被催眠者，进而提升催眠关系。在现实生活中，掌握几个催眠的技巧，会让我们的沟通交流更顺畅。

1）眼神和表情的交流

当被催眠者在表述自己观点的时候，你不必为自己完全无法应对而感到苦恼。

其实你的眼神和表情完全可以实现与对方的交流。比如，在他说话的时候，你适当地表现出专注、微笑，或者点点头，可以让对方觉得你在专心听他说话，一种愉悦的心情便会油然而生。

2）尾音的重复

所谓尾音的重复，简单地说，就是别人说什么、用什么语气说，你见机行事地重复一遍就好。比如对方说："这个工作也太复杂了吧。"你回答："嗯，是挺复杂的。"这样对方就会觉得有认同感，会很舒服。如果你能再引导他继续发表自己的观点，催眠的效果就会更好。

3）肢体动作的配合

比如，对方做跷二郎腿、双手抱膝等动作的时候，你如果能有意识地配合对方做类似的肢体动作，就会让面前的人变得放松，这时候你说的话也会更容易到达对方潜意识，使被接纳度提高。如在催眠时，对方讲话太慢了，你用左手食指轻敲大腿打节拍，先和他的语速一样，然后稍稍加快提问，他表达的节奏也会加快。

4）学会共情

催眠师在工作中一定要学会共情，把自己放在和被催眠者同等的位置，用同理心进行交流。比如"如果我是你，我也会跟你一样"这句话就是一种表达共情的有效方式，也是得觉催眠的常用语。这句话，会让被催眠者感受到被理解、被接纳、被支持，感到安慰。

得觉沟通三要素：放下评判、情感关联、需求互动，做到这三条，你不仅可以是共情的高手，也一定会是沟通的高手。事实上，不仅催眠师和被催眠者之间，朋友之间、同事之间、父母和孩子之间同样需要共情。

5）学会倾听

催眠师倾听的目的，不仅是听被催眠者倾诉和发泄，更重要的是从听中发现被催眠者思维模式，以及可以利用的资源。可惜很多催眠师在催眠过程中，常常以"我"为主，忽略了倾听的重要性。当被催眠者对催眠师说话时，一定不要急着插嘴，而是要等对方说完才开口。

倾听有三个层次，一是听到内容，二是听到情绪，三是听到需求。听完之后，你可以复述对方的话，表达出你听到的内容、情绪和需求，然后说道："是这样吗？"对方一定会觉得你特别懂他，从而你和对方的距离也随之拉近。

6）学会转折

我们在说话时通常会出现这样的场景：说了一大堆好话（废话）后，突然转折，但是……。虽然"但是"后面的才是重点，但容易让人听了却不是很舒服。面对这种情况，通常有两种改变说话方式的解决办法，一种是把"但是"前后的内容颠倒；另一种是将"但是"换成"如果……就好了"的句式。比如，说："你长得很漂亮，但是皮肤有点黑。"可以换成"你虽然皮肤有点黑，但还是很漂亮。"这样听的人就舒服多了，还可以换成"如果你皮肤白一点，就更好了"，同样的表达意思，后者却更加委婉，让人听起来更容易接受。

3. 拒绝消极催眠的技巧

在生活和催眠工作中，我们每天都会接收来自他人积极或消极的信息。也许他们在说话做事的时候，根本意识不到这也是一种催眠，但这丝毫不会影响催眠应该产生的效果。所以，作为职业催眠师，当遭遇消极催眠的时候，也需要懂得拒绝和化解的技巧。

1）倒着默念名字

如果你身边有几个好朋友，他长期向你倾倒苦水，不听吧，会使朋友之间产生裂隙；听吧，他们的喋喋不休又会让你烦躁不已。面对来自朋友们的消极催眠时，记住，你一定要深吸一口气，把感觉放在丹田上，然后在对方不停说话的时候，你也不停地在心里倒着念自己的名字，例如：你叫李小明，你就在心中重复默念"明小李，明小李，明小李……"

这种技巧的意义在于用一种新奇的方式去念熟悉的名字，可以让你的注意力集中在这里，大脑意识此时处于游离状态，对方说什么你也就听不进去了。最有意思的地方就是你会听到这些抱怨者后面的后台词，我们会清晰地知道他们不会在意什么，他们因何而抱怨。不但不会受这些人抱怨的引导和暗示，同时也能够知道他抱怨的内心感受的核心，你只需要稍加引导就可以把他们带出来。值得一提的是，如果遇到推销员的喋喋不休，也可以试着用这一招抵御他们的催眠。

2）增加后缀

生活中常常遇到这种情况，某人见到你，第一句话就是诸如"你今天精神不太好""你肤色很差""你好像又长胖了"之类的消极暗示，这种话多了，你想想自己会处于一种怎样的状态？抵御这种短句式的消极暗示，倒着默念自己名字的方法就比较逊色了。这时候你就可以选择第二种技巧——增加后缀，用积极的表达覆盖前面的消极词语。

比如，某人告诉你："哎呀，你是不是没睡好，好像有黑眼圈了。"你不妨回答："嗯，可能是昨晚没有睡好，不过现在好多了。"又比如，对方说："你怎么又胖了？"你可以回答："是胖了点儿，以前太瘦了。"

我们在用积极肯定的语言覆盖前面消极否定的语言时，内心就会生产新的快乐，激发出新的潜能。

4. 得觉同向催眠的"三二一"原则

得觉催眠发现，每个人都特别喜欢一种人，就是和自己很"像"的人。这个像不是相貌、性别，不是性格、星座，而是能经常感受到彼此之间的同呼吸、同动作、同方向，进而互有好感，达到同频共振。共振是同频的最高境界，就是两人之间有一种感应，心有灵犀，彼此内心所有的渴望都能从对方处得到满足，这是一种令人非常愉悦的状态。这其实也是一种最简单而又十分有效的情境催眠。通过语言、眼神、情感等多种方式，毫无阻挡地全部进入对方的"自"，进而互相催眠。

现实生活中，有的时候你会碰到一个人，会有一种相见恨晚的感觉，那就可以说是你们俩的频率对上了，同频了。你会发现，原来你们彼此说话的语气、语调、使用的文字、表情、举止动作、呼吸频率等，都非常地相似。正是因为这些相似，双方才一见如故。彼此的交流，就像和大脑里的另一个自己的"我"交流一样，非常舒服。这也就解释了人为什么会有非常好的闺蜜，每天和她待在一起也会觉得很开心，哪怕你们只是坐下来看看书、喝喝茶，什么也不说，也会觉得非常开心。

需要注意的是，同向并非全盘模仿。别人一做什么动作，你就立马跟着做。别人不小心蹬了一下脚，你也立马蹬一下脚，难免让人觉得奇怪和好笑，只有对方没有察觉时才有效。为了做到这样一点，我们总结出"三二一"原则，即"三个秘诀，两个要点，一个关键"。

1）三个秘诀

第一个秘诀是只模仿大的动作。抓住对方关键的肢体语言即可，对方坐着你也坐着，对方面朝哪个方向你也尽量地和他朝同一个方向，有的人在说话时肢体动作会多一点，这个时候你的肢体动作也要多一点，也就是说你尽可能地让自己的动作和对方的动作大致保持一致。当然，面部表情也得配合：微笑、大笑、悲伤或者是疑惑。如果对方大的肢体动作改变，你也必须随着改变，例如，开始对方跷着二郎腿，你也跷着，聊了一会儿，对方放下了，当然你也得跟着放下。当然，有些动作，比如说抓抓耳朵、挠挠鼻子、弄弄眼镜，这些小动作可以不进行模仿，一切要以自然为主。

第二个秘诀是不一定立刻模仿。有的动作立刻模仿有时会让对方感觉到不舒服，也显得不自然，延后一点，效果会更好。比如说，对方说到兴奋的地方，手就会上扬，你只需要把这点记在心里，等他再次讲到兴奋的时候，你的手也跟着扬一下，或者你聊到兴奋的时候，你也顺便把手往上扬一扬，对方心里会感觉到很舒服。

第三个秘诀是重点模仿第一个动作，拉近彼此的距离。所谓第一个动作是指，你见到对方时对方的姿态，比如，你见到被催眠者时，他坐着，你走过去也朝同一个方向坐着。让自己一开始和对方处于同一个状态，这样对方会感到更加亲切，就像看到镜子中的自己一样。记着，这是内在的"自"在看，而不是面对面地坐着，是坐在同一个方向。

2）两个要点

第一个要点是语气语调的配合。模仿对方的声调的高低，配合对方声音的大小，与对方语速保持一致。不时自然地模仿对方的语气，不可显得做作。与对方的尾音一致，比如说，对方所说话的最后几个关键词的声调，是升还是降，保持一致。在自己的话语中重复对方的那些关键词。第二个要点是肢体语言的配合。坐着或者是站着，手势、头的位置或者是动作、脸的表情、呼吸等都要注意配合好对方。

3）一个关键就是呼吸合拍

呼吸合拍就是需要和对方同呼吸，同呼吸就会共命运。同呼吸是保持呼吸深浅一致，频率也要保持一致。一个人的呼吸方式由自身的身体状况和性格决定，比如：性格比较急躁的人，呼吸多半轻且快；性格比较慢的人，他的呼吸多半延绵而长。在沟通中，沟通双方的呼吸若能够同步，那么彼此说话的长短句、语气、语调自然会保持一致。同呼吸最厉害的地方就在于双方可以很容易处于同样的一种意境或情境中。

想要成为一名优秀的得觉催眠师，你可以进行这样的练习：找一个朋友，模仿他的呼吸频率。当你呼吸和他的呼吸频率一致的时候，你试着加快或减慢呼吸频率，朋友也会同时变快或者是变慢。这是一个有趣的实验，同时，你也会发现一些令你惊奇的现象。

总之，每一个人都是独特的，都有自己习惯的语言和肢体表达方式。说话能让人喜欢和愿意听，肢体动作能让人不反感，这不只是一个话术技巧的问题，还需要我们养成学习、观察的好习惯，不断地觉察和修炼自己。要常反思，从心里悟出来的话和下意识的动作，才是真正适合自己的表达。因此，得觉催眠师在学习得觉理论和催眠技术的同时，也要注重话术的修炼。

二、得觉个体语言引导催眠的技巧

现代催眠语言模式很多样，有传统的标准化模式，类似于念脚本的催眠，也有灵活的艾瑞克森催眠模式。得觉催眠没有太多固定的模式，一直秉持的是以被催眠者为中心的理念，一切都是自然的显化。说出的每一个词、每一句话都有独特意义。因此，要成为一名优秀的得觉催眠师，就要坚持从心出发，不断提升自己的层次和修为，最终形成独有的风格。

1. 太极招原理

得觉认为，任何人说的话都是对的。语言是以能量的形式存在的，而且人所说的语言由两部分组成，一部分能量通过外显的表情、声音等被我们所看见和听见；另一部分能量在说话者内心以期待认同的感受形式存在。如果说出去的话被人接纳或认同，内心的那部分能量就会立刻释放出来，人就会感觉到舒服；反之，就会不舒服。得觉太极招是站在说话人的角度，把话接过来，让对方心中的那部分能量释放出来，能量一流动，"自"就连通了，"我"里的评判自然就放下来了。

在催眠过程中，运用得觉太极招，目的是让对方放下阻抗，使沟通继续下去，为催眠的实施去除障碍。如被催眠者说："我不信你能催眠我。"这是一个阻抗很强的被催眠者，遇到这种情况，催眠师首先不要慌，可以这样接过话来："你说得对，我不能催眠你。不过，你可以认真体会一下，我是如何不能催眠你的过程。"先承认被催眠者说的话是对的，他就放下评判了，然后引导他体会如何不能被催眠，实际上就已经让他认真地配合催眠师，去体会进入催眠状态了。

2. 思维阻断法

得觉催眠形成的是特殊的专注与忽略状态，进入这样的状态，人的"我"是部分屏蔽的，只有部分与催眠师连接的通道是保留的。用独特的思维阻断法，能快速让对方的"我"的部分通道阻断，让"我"的部分程序死机，停止工作。例如，笔者曾经历过这样一个案例：一个学生想跳楼，他已经站在教学楼顶的边缘，随时可能有生命危险。前面已经有多位老师和同学去劝导过，效果不佳。这时，再去讲什么道理，可能反而激发他的厌烦情绪，导致他纵身跳下去。得觉催眠师走过去，直接大声对他说："你有想过倒着跳下去吗？""跳？不跳？"一直是他心里盘桓的对话。催眠师没有用传统的方法去劝说，而是直接把他拉到一个他从来没有想过的细节上——倒着跳下去，他一下子就愣住了，先前的跳与不跳的对话立马停止了，取而代之的对话是："倒着，怎么跳？"过去的对话程序死机了，新的对话程序又无法进行下去，所以直接愣住了，进入了催眠状态。救援人员就趁机一把将他从楼顶的边缘拽回来，挽救了一条生命。这是一个成功地实施思维阻断法催眠的例子。

3. 模糊思维法

模糊性思维在催眠中可以带来无限的暗示和丰富的意蕴，可以使人产生无穷的想象，使人更容易进入催眠状态。所谓模糊思维，是指思维主体在思维的过程中，以反映思维对象的模糊性为特征，通过使用模糊概念、模糊判断和模糊推理等非精确性的认识方法所进行的思维。

模糊思维的内涵没有明确的界定，给人以很大的解释空间或联想余地，模糊思维里有分析，却不以分析为主，它讲究悟。清晰的思想会使人一览无余，缺少想象的空间。模糊思维不是"非此即彼"的求证，而是"亦此亦彼"的说明，其本质是善于多角度考虑问题，善于在事物之间建立联系，特别注重对事物的整体特征进行概括，估测事件的进程，作出近似的、灵活的结论。

汉语能够表达出许多模糊的意思，一个字、一个词可以有各种各样的解释，连读音不同也有不同的解释，需要放到一定的语境当中去才可以把它变得清晰。在催眠实践中，催眠师多用一些含糊语句、多重的反义语句，会使得句子的意思变得模糊，让被催眠者在"我"的层面难以弄清楚，大脑出现"死机"状态，在"自"的层面上就容易接受暗示了。

催眠师常用的模糊语言技巧如下：

（1）我要你放松下来。

（2）我不要你放松下来。

（3）不是我要你放松下来。

（4）不是我不要你放松下来。

（5）我不会说不是我不要你放松下来。

（6）我不会说不是我不要你放松下来，但是你听到我的语言你会越来越放松，至少，我不会阻止你自己放松下来。

（7）你知道你不知道什么是放松，你也不知道你知道什么是放松。当你知道你不知道什么是放松的时候，你也就知道你知道什么是放松了。当你不知道你知道什么是放松的时候，你也就知道你知道什么是放松了。体会你此时此刻身体的感觉，放松就从一个点，慢慢扩散开了，弥漫到你的全身。

4．贴积极标签法

"标签"是指标志产品目标和分类或内容，最早用于药品或者布品上作为商品识别的标签，便于能够快速查找和定位。得觉自我理论认为，标签是人后天在"我"里组装起来的一套程序，具有定性、导向的作用。标签有我们给自己贴的，也有别人给我们贴的；有积极的，也有消极的；有我们喜欢的，也有我们排斥的。

第二次世界大战期间，美国心理学家在招募的一批行为不良、纪律散漫、不听指挥的新士兵中做了如下实验：让他们每人每月向家人写一封说自己在前线如何遵守纪律、听从指挥、奋勇杀敌、立功受奖等内容的信。结果，半年后这些士兵发生了很大的变化，他们真的像信上所说的那样去努力了。这种现象在心理学上被称为"标签效应"。

得觉催眠发现，积极的标签、及时的确认可以降低被催眠者的评判，从而提高被催眠者的心理体验，迅速改变被催眠者的心境，让对方快乐。人真正快乐的那一刻，是不带任何评判的，他会放下一切，忘掉烦恼，甚至忽略周围的事物。人的"自"最容易认同的是他自己的语言，因此，在催眠师不断确认被催眠者的时候，这些语言会进入被催眠者的大脑，让他身心处于积极状态，例如说："我很快乐，对，很快乐。"这种积极的确认需要把握三个要素：准确的时机、简单的重复、形体语言的跟进。

笔者有一位朋友曾想请一个保姆，但因为过去的经历，她总是担心保姆干活不认真。大家给了她许多建议，比如约法三章之类，她都觉得不是很有效。最后，我教了她"贴积极标签"的办法：在保姆来的第一天，就真诚地告诉她："他们把你推荐给我的时候，说你是个非常勤劳而善良的人。从第一眼见到你，我就确信你是这样的人。让我们先握个手吧（用肢体语言表示欢迎与诚意），我相信我们家会因为你的到来，而变得更加美好（微笑看着她）。"并且在生活中不断重复"你是一个勤劳而善良的人"这句话。后来，这位保姆果然做得不错，特别是每次她听到重复的那句话后，保姆都表现得非常开心。

5. 快乐冲洗法

快乐冲洗法是在催眠状态中，激活个人的动力点，进行自我疗愈时常用的一种方法。该方法将催眠疗愈的重点落在"增加被催眠者的快乐体验"上，而传统的心理催眠疗法一般通过倾诉、发泄等方式减少被催眠者的痛苦。二者最终的目的都是让被催眠者获得快乐，不同点在于：传统催眠疗法从伤痛入手，让被催眠者在催眠状态中花时间来处理伤痛，治疗过程中伤痛的体验占大部分；而"快乐冲洗法"让被催眠者在催眠状态下抓住每一个当下的快乐，叠加快乐冲淡痛苦，获得最终的快乐，整个催眠过程中快乐的体验占大部分。

在催眠的过程中应用"快乐冲洗法"，关键一点在于让被催眠者重复快乐的语言。每个人"自"里最容易认同本人的语言，大脑会根据不同情感的语言建立相应的神经网络——悲伤的语言建立悲伤感受的神经网络，快乐的语言建立感受快乐的神经网络。越多次重复，神经网络带来的感受越强烈。而让自己得到快乐的方法，就是多用积极快乐的语言进行日常交流。

当"我"对别人讲述自己的不快乐，就等于强化"自"里"不快乐"的神经网络。只有说快乐的语言，才会产生快乐的感受，重复多了就成为习惯。事实上，每个小时的快乐加起来就是一天的快乐，每一天的快乐加起来就是每个月的快乐，每个月的快乐加起来就是一年的快乐，每一年的快乐加起来就是一生的快乐。快乐思维是一种习惯、一种体验，更是一种引导催眠的方法，也是自我催眠的训练技巧。

6. 时间轴引导法

得觉时间轴引导法，是得觉人生理论中一个很有意义的看点，也是催眠常用的技巧。这个技巧主要是用"过去—现在—未来"来引导被催眠者，看看他心在哪里，进而帮助被催眠者改变处境、摆脱痛苦。这个技巧将被催眠者的状态分为过去、现在、未来三种，三者的关系是：人活在现在，过去虽然已经结束但决定了现在，而未来是在现在的决定里。想要做出改变，就要立足现在，发现可利用的资源，做出改变。

我们知道，当感受到痛苦的时候，令人痛苦的事件已经发生了，成为了过去——人之所以痛苦就是还处在过去的角色中。此时过去的角色覆盖了现在的角色，我们要做的就是增加新的角色看点，得觉通常会使被催眠者进入未来的角色里，因为人总是希望明天比今天更好，所以未来的角色可以带给被催眠者快乐、成功等的画面，用这样的画面来引领被催眠者，他就会从伤痛、无助的状态中走出来，为未来的角色做好现在的角色。因此，应用这个技巧有以下步骤：

（1）帮助被催眠者确认他是处于现在的状态里，使被催眠者认识到现在状态里的他需要为未来的快乐而做出改变，此时已经将被催眠者导入浅催眠状态。

（2）将被催眠者带到过去，让他再次体验痛苦。

（3）将被催眠者带到现在，引导他做出改变的计划。

（4）将被催眠者带到未来，引导他想象改变后的好处，不断确认改变。

（5）回到现在，再次确认。

7. 点穴催眠诱导法

点穴催眠诱导法在传统催眠的基础上，融合了中医、藏医、蒙医以及中国经穴学说，根据催眠诱导法原理，创立的点穴催眠诱导法。此方法符合中国的传统观念，简便易行，被大众接受，且能迅速诱入深度催眠状态。

在实施点穴催眠时，催眠师应该练习"指颤"手法。练习颤动时将前手臂和上臂肌肉收缩使之能颤动，久而久之就会达到节律规则地颤动。催眠师还应该了解并掌握中医经络穴位的基础知识，以便能快速、准确地选定穴位的位置。

比如，在放松被催眠者的四肢时，可以用中指从一侧上肢开始，点按中府穴并暗示："手臂沉重无力抬起，手心发热，手指肿胀。"当其一侧上肢无法抬起后，再点按另一侧上肢，使之达到松弛无力为止。然后点按一侧下肢的血海穴并暗示："下肢也开始沉重，腿也抬不起来了。脚趾脚底也松弛了。"再使另一侧下肢放松，最后用中指点被催眠者眉间部位的印堂穴，并暗示："眼皮也无力了，眼会闭上，很疲劳了，睡吧！"通过点穴快捷催眠后，被催眠者能迅速进入催眠状态，并暗示："你很疲劳了，睡吧！治疗结束后我会用其他穴位解开导致你沉睡的穴位叫醒你。醒来后一定会感到非常轻松愉快，能量满满，精气神十足。"

三、得觉催眠增强暗示效果的技巧

有人说："暗示是催眠的核心，催眠师的最高能力即是暗示的变换能力。"这让暗示听起来很有几分神秘感。其实，暗示的英文是suggestion，另一个含义就是建议，建议这个含义让暗示一下就通俗易懂多了。事实上，暗示确实也不神秘。

1. 得觉催眠暗示的定义及分类

催眠暗示是指在催眠过程中,催眠师通过语言、手势、表情、行动、环境或某种画面和符号等途径传递引导、指示或提示,从而对自己或者他人的心理、生理和行为产生影响。其实,暗示本身并不具有任何治疗或者催眠的效果,只有当被催眠的人接收到这个暗示并对暗示做出极具个人化的反应时,这个暗示才有价值,也才有效。没有所谓正确的暗示,只有是否有效的暗示。

得觉催眠暗示主要有四类:直接暗示、间接暗示、互动式暗示和技巧式暗示。这四种暗示的定义、特点及暗示语举例见表3-2所列。

表3-2　得觉催眠暗示种类及特点

暗示种类	定义	特点	暗示语举例
直接暗示	直接暗示也叫直接指令,通常以命令的方式,用简略句说出。	清晰、简明扼要,把简单句以命令的方式说出。	"闭目、放松。"
间接暗示	间接暗示是将催眠的指令隐藏在复杂句中,委婉含蓄地发出指令。	常常使用"跟导式"语言模式,允许对方进行选择;有时候使用含糊不清、模棱两可的表达方式。	"我想知道假如你闭上眼睛,会怎样地更舒服。你也许会回忆起某个时候,你全身所有的肌肉都放松了。"
互动式暗示	互动式暗示是催眠师根据被催眠者的实际情况或个人经历引导其进入催眠状态。	利用被催眠者的语句、意象和感觉。	催眠师:"你感觉到什么?" 被催眠者:"我感到舒服。" 催眠师:"你感到那种舒服,太好了,这种舒服的感觉你感觉到了你会怎样享受?"

暗示种类	定义	特点	暗示语举例
技巧式暗示	技巧式暗示是用肢体语言或者特音等特殊技巧帮助被催眠者更快速有效地进入催眠状态。	常常与意识运动（如手指信号、手臂悬浮）相关，用于示意某一技巧的进展或终结。	"随着你的无意识不断地回忆快乐的时光，你的手臂就会不断地落下，当你的手臂落在大腿上的时候你就会进入催眠状态，并将这种舒服的感觉弥漫全身。"

在实际催眠中，新手催眠师使用什么样的暗示，常常取决于自己的受训背景、喜好以及对催眠过程的把控能力等。而对于高手催眠师来说，使用什么样的暗示，常常取决于被催眠者本身所处的意识状态，而不是催眠师本身，也不是暗示本身。被催眠者越是在恍惚状态中，或者注意力越是集中在其他事情上，暗示发挥效果的可能性也就越大。

2. 得觉催眠暗示语言的特点

得觉理论认为，催眠的暗示语是心理自然流露出来的话，是自我对话的自然反应，是当下的智慧，也是催眠师与被催眠者互动的结果。其实，被催眠者的历史就揭示了暗示的内容，自己深陷其中不能自知。催眠师在催眠过程中，作为全新的资源介入被催眠者的系统之时，比较容易发现被催眠者认知的特点，让暗示的设计和改变成为可能。得觉催眠暗示语言主要有以下八个特点：

1）简单明了且容易理解

暗示语言，简单直接就好，不需要太复杂，同时也不要使用暧昧、模糊的字眼，要容易理解。这样既有助于处于催眠状态的人去接受，也有利于催眠师在操作时重复暗示语句。比如，你只要暗示自己"我会很幸福"就行，而不需要这样暗示："我夫妻关系会很好，我母女关系会很好，我工作会做得很好。"这样目标又多又笼统，不能够突出重点，效果反而不好。

2）目标明确且可以实现

在为他人催眠或自我催眠时我们要注意，暗示语言所要协助人们完成的是一个明确的、具体的、现实的、对个人有积极意义并且可以衡量的目标。如你想要催眠使自己幸福，你可以这样暗示："我很幸福，我现在很幸福，将来也会很幸福。"没必要在暗示中指出达到幸福的方法，因为"自"为了达到幸福，会自行寻找方法。

3）朗朗上口且形象生动

自我催眠就用自己喜欢并符合自己说话语气和习惯的语句，这样能引起内心共鸣，并且语言最好有画面感。给对方催眠，可以用对方不断重复的话语，或者直接让他在催眠状态下，自己提炼一个暗示语。暗示语越符合自己说话的节奏，越容易被"自"接纳，自己读着也很舒服。对于以放松为目的的暗示语要尽量平缓、安静，比如，催眠内容有关事业的暗示："我的事业会像初升的太阳一样，光芒万丈。"催眠放松的暗示："当听到这个音乐，就会越来越放松，就像小时候躺在妈妈的怀抱里，温暖而又舒服。"

4）用陈述句替代疑问句

催眠暗示他人的时候，不能用带有疑问的句式。像"你能做吗？能做好的话试试看"这样的说法，有时会使对方产生踌躇或表示出毫无理由的拒绝态度，以致阻碍进展。说话内容一定要把状况具体化并带结论性，如"你的胳膊已经不能弯曲""你就这样倒向后方"。

5）用肯定句来表述目标

让我们先来做一个实验：请你不要去想一个红色大象，在你不去想一个红色大象的时候，请举起你的手来。这项任务对于你来说是很难完成的，因为当你告诉自己不要去想某些事物的同时，其实已经去想他们了。所以从现在开始就养成这个习惯，在催眠的时候请使用肯定句来表述你的目标。假如你的目标是不想那么紧张，就多去注意可以取代紧张感的感受，比如：愉快、放松、舒适等。

6）注意多使用正面词汇

大量实验证明，正面、积极、主动的心理暗示能纠正被扰乱、被破坏的心理和行为，改善机体的生理功能，而负面、消极、被动的心理暗示能够破坏机体生理功能，扰乱人的心理和行为。消极、被动的语言所传递的是消极暗示，而积极、主动的语言传递的是积极暗示，如"我是一个幸福的人，我是一个有能量的人"就比"我是一个缺乏自信的人，我是一个自卑的人"更有积极的引导作用。

7）暗示效果的累加作用

重复就是植入、重复就是暗示、重复就是力量，因为在催眠状态浅的状态下重复暗示会使暗示刺激发生作用的速度加快，时间延长，影响加深，这就是暗示效果的累加作用。人们的受暗示性也是可以通过训练而加强的，被催眠者在多次接受催眠之后，或者反复练习自我催眠后，会对催眠的敏感度越来越高，这也就是暗示效果的累加作用。比如，让一个人反复重复一个词："老鼠，老鼠……"，一直说二十一遍，然后你突然问他猫怕什么，他会不自觉地说出"老鼠"。这就是重复的力量。

8）暗示双重性与从众性

要想使暗示的效果更好，我们可以利用人们的真实感受并且加上言语诱导来加强暗示的效果，这就是利用暗示的双重作用。例如："等一下我会触摸你左手的中指，你的手指会产生被抚摸的感觉；随着这种感觉的扩散，你的左手会感到很轻盈，非常轻盈。"而从众性是指人受他人影响而与他人保持一致的基本特性。例如：在集体催眠或催眠表演中，让一些催眠敏感度高的人先进入催眠状态，其他人也就很快进入催眠状态了，这就是暗示的从众性。

3. 正向激励常用暗示语模式

我们已经知道，正向暗示和积极期待的力量是巨大的。人的潜意识会让人成为潜意识里的那个人。得觉催眠还发现，有的人喜欢说长句子，有的人喜欢说短句子。这是个人所独有的语言习惯。得觉催眠师在催眠状态中，或在唤醒时，都要重复被催眠者的语言，帮助其形成正向的暗示语。下面一些正向语句，可以作为参考。

（1）坚定梦想的催眠性语句。常用语举例：①青春是人生最快乐的时光，梦想是靠奋斗来实现的。②没有人能预知我们的未来，有梦想就要勇敢地闯一闯！③努力了的才叫梦想，不努力的就是空想。④只要你梦想到的，你就想办法去实现。⑤实现梦想的路，是为有信心的人准备的。⑥将梦想坚持到底，你一定会看到曙光。⑦听到你这么有力的回应，我相信你肯定能行！⑧路是自己选的，就要对自己负责……

（2）身份认定更高的催眠性语句。常用语举例：①你命由你不由天！你是谁，你自己说了才算。②你是一个年轻而有朝气的人，每天要向着太阳奔跑。③爱自己是上天赋予你的最大权利。④有自信地秀出你自己，相信你是最棒的！⑤我希望你是一个懂得感恩的孩子，你的父母也跟你爱他们一样爱你。⑥你真的长大了，学会耐心等待了……

（3）激发生命力的催眠性语句。常用语举例：①对不起，请原谅。②谢谢你！③我爱你！④心里有方向，眼里有目标，就要勇敢闯一闯。⑤每天的自我对话，决定了你是一个什么样的人。⑥你敢于面对一切，你能够开创美好的未来！⑦胆子大些，再大些。⑧善于观察是你的优势，心地善良是你的财富，大胆走出去，让更多的人认识你！⑨这世界只要你不放弃你自己，就没有人会放弃你。

（4）强化自信力的催眠性语句。常用语举例：①早上好，我每天越来越棒！②太好了！③我能行！④我帮你！⑤你拥有独一无二的天赋。⑥你将会成为了不起的人！⑦自己的事情要独立完成。⑧有比别人强的信心，就是胜过别人最大的资本。⑨你是一个自信的人！⑩只要今天比昨天强就好！⑪你一定是人生的强者！⑫孩子，你非常棒！⑬你拥有很多让人羡慕的地方。⑭你才是最棒的，你要坚信这一点。⑮抬起你的头，迎着每一天的朝阳，乐观向上。⑯你要经常对自己说：我能行！跟我来！

（5）打开更多可能性的催眠性语句。常用语举例：①迷则行醒事，明则择事而行。②一个人成功的速度，就是他情绪调理的速度。③当你感觉不接纳的时候，接纳已经开始了。④你是一个有主见的人，跟随你的内心走！⑤按照自己的想法去做。⑥你的答案非常有创意！⑦你能不断发现问题，同样你也一样能解决这些问题。⑧你该得到的，你都会得到，你记不住的，你就大胆地忘掉！⑨人在情绪中，智商会下降。

4. 用关键词来增强催眠暗示

在催眠语言中，暗示一般都是由关键词引起的，找到这些关键词，并且能正确运用这个关键词，就可以不断增强催眠暗示的效果。下面十二个句子中某些关键词，在暗示方面都是不正确的，请您认真阅读每一个句子，找到关键词语暗示的缺陷，然后再简短地加以描述。

（1）外面的噪音不能干扰你。这噪音不能以任何方式干扰你，你只会沉浸在你的世界里……

（缺陷：噪音是不一致的词，而不是否定词。较好的描述应该是"那声音在帮助你放松"。）

（2）在我数三的时候，及时回到你第一次被狗吓到的时候，你会回忆起来的当我数六的时候，你一定要回忆起第二次被狗吓到的时候，你会记起你的感觉还有你所看见的，然后你会感到紧张、害怕……

（缺陷：这个直接催眠方法的暗示不够简单、扼要。对病人要求太多，应该这样催眠暗示："在我数三的时候，你会及时回到你第一次被狗吓到的时候。"同时也不应该出现消极的词语，如害怕、紧张。）

（3）放松，就想象你自己在秋千上荡来荡去，想象着在你八岁时，你的哥哥推你荡秋千。放松，就想着那时愉快的景象……

（缺陷：这是一个引起思考的放松练习，会产生相反结果。病人可能恐高，可能曾经从秋千上掉下来过，或者不喜欢他的哥哥，所以说之前应调查清楚。）

（4）放松感正渗入你的身体，它从头部一下跳到你的脚部，是那么舒适……

（缺陷："渗入"这个词可能会引起不恰当的想象。"跳"这个词也是不一致的，如果是放松就不应该跳。在这两个句子里，用"流"这个词效果会更好。）

（5）太阳火辣辣地，非常明亮；火辣辣地，非常明亮，照得你的眼睛快睁不开了……

（缺陷：你应该更精确地描述催眠暗示，产生让人不舒适的具体温度。最好是循序渐进，逐步升温。）

（6）你看着自己苗条又有形，你已经瘦了许多。现在，当我从一数到十的时候，你要恢复到完全清醒的状态。好，准备，我要开始数了……

（缺陷：这个催眠方法的暗示是要通过重复、解释催眠暗示或用同义词来进行强化的："你苗条又有形，感到轻了。你喜欢感觉苗条又有形，现在你感觉更好，你更加苗条，感觉更好。"而不应该过于直接。）

（7）当你开始学习时，你全神贯注在你的学习中。你忘记了时间，注意力完全集中在你正在学习的内容上。你是那么专注，那么认真……

（缺陷：应该设定出一个时间，否则，你会一直学习直到筋疲力尽。你可以这样催眠暗示自己："你将在下午学习，成功地工作到四点。开始休息，回顾你所学习的内容。"这样可以让大脑有休息缓冲的时间。）

（8）在交通中你非常平静，非常放松、平静，你全神贯注在你前面的车上，排除所有其他令人烦恼的交通……

（缺陷：这是个非常危险的催眠暗示，这个催眠方法必须要准确地解释。应该设定一个不限制你开车能力的提示词作为镇静状态的信号，集中精力在车的前方，而不顾其他。）

（9）你要停止吸烟、停止吸烟、停止吸烟。你同时发现自己对很少量的食物就能满足。在每餐之间，你也不需要吃东西，你一般都是很饱的状态。

（缺陷：在这一个催眠方法的暗示里有两个目标。目标太多效果当然就会很差。）

（10）你试着骑自行车上山，你的脚有力地踩踏板。最后，你成功到达山顶，大声地欢呼起来。

（缺陷："试着"和"最后"都是消极的词语，你不能轻松达到目标。这需要奋斗，所以想象不是积极的。）

（11）可以想象你自己在一个特别的地方，你喜欢在那里。那儿很美，你觉得非常舒适。你很享受在那里待着，很享受。

（缺陷：应使用想象来增强你的直接催眠暗示。"想象你自己在一个特别的地方，月亮出来了，你能闻到松树的味道，听到小溪冲刷石头，十分安静，空气寂静而芳香，你很平静……"可以描绘得尽量细致一点。）

（12）背景音乐就是你放松的信号。当听到音乐，你开始放松，你觉得好像你很容易入睡。你没有入睡困难，音乐就是你入睡的信号。现在，当我从一数到十的时候，你要恢复到完全意识。

（缺陷：你需要舍去用这段特定音乐带病人到欲睡状态的催眠暗示。因为被催眠者很可能在开车时、看电影时、参加聚会时，甚至是其他危险的地方听到这个音乐，必须要为被催眠者的安全考虑。）

第四章

得觉催眠在生活中的应用

第一节　得觉自我催眠

得觉研究发现，人类早已应用自我催眠暗示，如祈祷、宗教仪式、印度的瑜伽术、中国的气功术等都是以不同的方式实施自我催眠。每个人都拥有自我催眠的能力，因为这是一项既简单又实用的技术。人类具有运用自我意识和意象的能力，可以通过自己的思维，进行自我强化、自我教育和自我治疗。在催眠状态下，催眠的内容会进入"自"的领域，产生强大而持久的威力，从而改变身体的感觉、意识和行为。

一、自我催眠的理论假设

所谓的自我催眠，就是通过一些催眠技巧来对自己进行催眠，是自我调控身心功能和状态的一种疗愈方法。它的特点是在任何时候、任何场合都可以进行。其实，我们每一天都在自我对话中进行自我催眠，在广告、电视等社交媒体中被他人催眠。如果能够很好地运用自我催眠，把控自我对话，我们就可以更好地掌控我们的人生。

用得觉自我理论来解释，自我催眠是一种正向的"自""我"之间的对话。详细来讲，就是一个人的"我"有了想法，以"信"的形式存在，并传递给了"自"，"自"全然接纳"我"传递过来的"信"，"自"产生的"念"也与"我"产生的"信"相匹配，此时"自""我"高度统一，甚至"自"占主导地位，"我"退居其后，人全然地在自己的状态里，对外界的觉知力降低，只留下部分单一的信息通道，这也是得觉自我催眠的理论假设。关于自我催眠我们还需要了解以下理论假设。

1. 人生就是一场自我催眠

我们从小就生活在催眠的环境中，父母、老师一直在给我们灌输他们的想法、价值观、信念、道德标准等。开始，我们半信半疑、处在迷惑中，后来他们说多了，我们就慢慢相信了，比如：长辈说："听话才是好孩子，不听话就会得不到好东西。"于是我们就会越来越听话，并接受更多的催眠指令，慢慢变成我们的一种行为和反应模式。长大后，我们每天翻开报纸、打开电视、登录网站或玩手机时，都会面对大量的各种媒体传递的观点和广告；每天面对领导、老师、客户、同事、邻里，每个人都在说着一大堆信息、表达一大堆情绪……当我们被这些影响并改变了自己的情绪、行为甚至改变信念系统时，就是我们被他人催眠了。

得觉自我理论认为，我们每天的自我对话，就是一场自我催眠，只是我们没有觉察而已。有句话说得好——你生命中发生的一切，都是你吸引来的。当我们习惯对自己说"不舒服""好烦啊""太沮丧了""我怎么这么倒霉"等语句时，吸引来的就是一个更加衰的"我"，而当我们对自己说"太爽了""我可以""我爱你""我越来越棒"等语句时，吸引来的就是一个更加积极的"我"。我们常常在不自知的情况下，会自我催眠、自我暗示，最终才变成了我们现在这个样子。

心理学研究证明，我们每天说的词语都带有心理能量，每个词语都带给我们很多联想，正面的积极的词语会带给我们正面的联想、积极的能量，而负面的词语带给我们的是相反的东西。同样因为肥胖有人说要减肥，有人说要瘦身，前者怎么减还是肥，后者说瘦身就瘦下来了，为什么？因为"减肥"二字让人联想到的还是"肥"，而后者让人联想到是自己很苗条的身材，苗条就是其目标，自然就有效。又如有人说"我不要紧张，要克服紧张"，不如换成"我要轻松，要放松"。"克服紧张"带给我们的是紧张的能量，而"要轻松"带给我们的是轻松自在的感觉。

朋友，当你心情很差很糟糕时，你是怎么度过的呢？找一个朋友倾诉，发尽满腹牢骚？或者大醉一场，醒后以为是梦一场？又或者来一场说走就走的旅行？再或者就是关起门来睡他个昏天暗地？其实，最简单的处理方式，就是觉察和倾听自己的自我对话，用积极正向的语言给自己来一场自我催眠。自我催眠可以让你的人生丰盈起来，让你的生命绽放开来。

2. 自我催眠促进身心改变

长期以来，很多人对催眠疗法的可靠性以及催眠状态是否真实存在抱有怀疑态度。最新研究显示，催眠确实影响大脑活动，催眠状态确实存在。在英国赫尔大学心理学系研究人员威廉·麦克格温的实验中，研究人员在实验对象完成每项任务的间隔时间内观察他们的大脑活动，记录他们在没有任何命令或任务干扰情况下的大脑活动情况，并将之与实验对象在没有受到催眠诱导情况下的大脑活动情况比对。这是首次以对比方式研究催眠对大脑活动的影响，研究结果发表在《意识与认知》杂志。临床心理学家迈克尔·希普认为该项研究为"催眠能使大脑接受暗示和建议"理论提供了依据。

在一般情况下，人类大脑偶尔会处于做白日梦、开小差或发呆的状态，这种状态被称为大脑"默认模式"。麦克格温在实验研究中发现，在催眠状态下，高度易受影响者的大脑"默认模式"改变，分管开小差的部分活动减少。这一情况只发生在高度易受影响的实验对象身上，麦克格温认为这能证明催眠可"关闭"大脑中让思路开小差的功能，使注意力更集中。

脑科学研究进一步证明，大脑前额叶不仅与意识和思维等心理活动有关，而且前额叶与调节内脏器官活动的下丘脑之间也存在着紧密的纤维联系。这种结构上的联系，可能是人类能主动利用意识和意象来调节和控制内脏生理功能的主要物质基础。比如，正在从事重体力劳动的人，如果施以催眠，其代谢率可上升25%；应用自体发生训练法进行自我催眠，使心身放松后，代谢率比平时的安静状态降低15%～20%。

因此，在自我催眠状态下，根据强化的原则，自己不断地强化积极性情感、良好的感觉以及正确的观念等，使其在"我"和"自"中印记、贮存和浓缩，在脑中占据优势，就可以通过心理、生理作用机制对身心状态和行为进行自我调节和控制。因而，当人处于应激和焦虑状态时，体内大量分泌的去甲肾上腺素引起心悸、心跳加快、呼吸急促、头晕、出汗、胃部不适、下肢发软（面条腿）、皮肤发凉和精神恐惧不安等症状，经过一定时间的自我催眠暗示很快就能得以消除。

3. 自我催眠助力改写信念

从汉字字形来看，"信"为人言，"念"为今心，信念就是你的心相信你当下说的话。信念是一股促使人们按照自己认为正确的观点、原则去行动、去实现目标的一种强大的内在力量。信念重要吗？非常地重要！它能重要到什么程度？人和人之间最大的不同就是信念的不同。这句话足以表明信念的重要性。

得觉理论认为，拥有信念的人生，"自"与"我"就会处在最佳的互动状态。如果"自"产生的"念"以某一项为主，且这个"念"顺应自然和社会规律，同时"我"也完全相信这个"念"，在社会、生活中去达成这个"念"的内容，于是人在思维、行为层面形成特有的程序化的互动模式，这个状态和过程我们叫信念即"相信念"，相信持续重复的"念"。这种"念"力量巨大，一旦形成和拥有信念，这种人就具备和拥有了这个强大的力量，不可动摇，无法摧毁，是人成就大事的核心，也是所有成大事者共同具备的特质。

信念是一种力量，是一种愿望，是一种需求，是没有理由的，是无条件的，一旦做出选择，则全然投入，自己非常确信。比如：面对工作，一旦选择了这家公司，就完全确信自己做出了最好的选择，全然投入，义无反顾；面对员工，一旦选择了这个员工，就完全确信自己做出了最好的选择，全然投入，义无反顾；面对婚姻，一旦选择了这个伴侣，就完全确信自己做出了最好的选择，全然投入，义无反顾；因为只有这样确信，才可以真正发挥出信念的力量。得觉催眠发现，做任何事情，最难的不是应对各种具体的挑战，而是是否已经下定了决心，绝了后路。只有坚定信念的人，才会有信心，才会诚意而不自欺，才会赢得信任，才会诚信，才会有信誉。

信念本身没有好坏之分，关键在于是否合理有效。合理有效的信念就是好的信念，不合理且无效的信念就需要去升级迭代。利用自我催眠，可以有效帮我们把信念升级迭代。首先要调整呼吸，让自己心静下来，开始觉察你的信念。在日常生活中，每一个行为的背后都有信念，每一个表达、每一个眼神、每一个动作、每一个选择的背后都有信念。其次要对觉察出的信念进行改造升级，把它变得更高效，比如：也许你以前总是会想："我觉得这件事好难啊，我做不到！"现在可以把信念改为："只要我想做，我就一定能做到！"然后就是进一步强化信念，并且去执行到位。怎么去强化？答案就是：去重复，大量地重复。只有在不断的重复中才能强化自己的信念，并且在生活中找到一些琐事去佐证自我设计的信念是高效的，是有用的。

4. 自我催眠汲取当下力量

得觉理论认为，生命中没有现在，只有当下。过去发生的一直持续到此刻的就是"在"，而未来没有发生的事情称为"现"。我们一直都处在大脑或思维的控制之下，生活在对时间的永恒焦虑中。我们忘不掉过去，更担心未来。但实际上，当我们只能活在当下，活在此时此刻，所有的一切都是在当下发生的，而过去和未来只是一个无意义的时间概念。通过自我催眠可以让我们身心合一，回归当下，就可以找到内心真正的力量，找到获得平和与宁静的入口。在那里，我们就会有无穷的智慧与力量。

德国作家埃克哈特·托利在《当下的力量》一书中，提出了"钟表时间"和"心理时间"的概念，这可以帮助我们更好地理解当下。比如：你在过去犯了错误并在现在汲取了教训，这样你利用的就是钟表时间，但如果你在心理上不断回忆你过去的错误，并进行自我批评而感到懊悔，这时它就变成心理时间。作者否定的并不是钟表时间，而是心理时间，因为我们所有的消极心态都是由积累了心理时间以及对当下时刻的拒绝而引起的。如果你的思想一直背负着过去沉重的负担，未来你将会体验更多相同的负担。

所谓心理时间，就是认同过去并且持续地强迫性地投射到未来。钟表时间，提醒我们安排工作的计划和履行，从过去中吸取经验和教训，使我们不会犯同样的错误，包括设定目标并迈向前进。如果以往你一直是在用过去固有的思维去解决当下的问题，然后制作同样的未来（未来是过去的复制品），那么现在，你需要做几个深呼吸，让自己身心回到当下，去依赖当下的力量，充分地保持临在（临在是有觉察力地安住于当下），并通过汲取当下的力量来解决过去的事情。你会发现，只有当下可以改变过去，改变未来。你有多投入当下，你就能创造多理想的未来状态。

你也可以用一个简单的标准来判断自己是否被心理时间所控制了，比如问问自己："我现在正在做的事情，是否让我感到喜悦自在轻松呢？"如果不是，当下时刻就被时间控制了，并且你的生命也因此被视为一种负担或一种挣扎。如果你正在做的事情无法让你感受到喜悦自在和轻松，这并不意味着你需要改变你正在做的事情，你需要改变的是你做事的方式，因为如何做事通常比做什么事更为重要。我们只需将注意力更多地放在正在做的事情上，而不是放在通过做这件事情所取得的结果上。

得觉发现，生活最大的智慧，是专注当下，是专注一件事，是用心做好每一件事。这是一种能力，更是一种境界。笔者经常要求自己的学生不要太把自己当回事，要把自己做的事当回事，心烦的时候，就专心做事。一般人认为心清、心静才能心定，心定生慧；而更高层次的人往往是先定心，把心定在当下的事上。现如今，人们终日忙忙碌碌，经常心烦意乱，归其原因是心没有专注当下事，想得太多。古人日常修禅，就是要求专心做每一件事，比如：读书就一页页读，吃饭就一口口吃，走路就一步步走，不要人在这，心在别处。任何能与他所做之事合一的人，就是一个得"道"之人，就是在创造一个新的世界。这些人对于其他人的影响，远超过他们提供的功能所带来的影响。"人事合一"既是生活禅，也是得觉智慧。

总之，在自我催眠时，可以通过反复地深呼吸，让大脑中的"我"放下来，跟身体中的"自"连接上，心静下来，全然地跟自己在一起，觉知当下的每一个瞬间，看到情绪是情绪、念头是念头、感受是感受，不评判、不定义、不抗拒、不否定，只是感受它、观察它，不重复。这样我们就可以找到专注当下的窍门——身心合一。我们经常习惯于由一个想法，演变成十、百、千个想法，这样分神分心，自然也就会耗掉生命能量。如果学会自我催眠，你就能迅速让千、百、十变成一，你就会提升自己的思想和智慧，增强自身的体力、胆识和魄力。因为一切的力量都来自当下，只有迅速回归到当下，你才能获得这份力量。得觉把当下的力量，也称为得觉的力量。

二、自我催眠的步骤

自我催眠是得觉催眠的首要基本功，因为得觉催眠一直致力于发掘每个人内在的无穷潜力和动力，强调的是自我觉悟与自我改变，这也是得觉催眠与传统催眠不同的一点。作为得觉催眠师，要教会被催眠者悦纳自己、提升自己，使之达到身心放松、喜悦幸福的状态。

得觉理论认为，自我催眠要想取得成功，首先就要从练习自我暗示和自我确认开始入手。自我暗示中最重要的，就是要用自己习惯的语言，把你"看"到的目标中的画面，"听"到内心中支持自己的声音，感受到目标达成后的感觉，都写出来，并大声地读出来。一边讲一边仔细体会，一边认真感受，同时还要一边讲一边做出动作，因为动作会帮助你增强暗示效果。

通常情况下，得觉自我催眠方法主要有以下几个步骤。

1. 自我催眠的准备

首先要尽量选择一个温暖、舒适、放松、不受外界干扰的地方进行训练，比如个人的卧室、书房或办公室。特别是刚开始练习时，更要求环境的清静。待有了更多催眠体验之后，即使在有旁人在场的喧闹环境里，也能闹中取静，持续练习。

得觉自我催眠一般采取三种姿势：坐、仰卧或侧卧。初学者推荐仰卧，因为这是最能够使躯体放松的姿势。坐着练习时，双手可放在膝盖上或自然交叉放在腹部下方。坐要坐得轻松舒适，最好选择有靠背的椅子或沙发，两脚与肩同宽，眼睛微闭，下颚微收，全身放松。仰卧时，要躺在床上或躺椅上，两臂自如地放在身体两边，手心向上，以手臂不碰触身体的其他部位为宜，双腿自然分开，双眼微闭。侧卧找一个自己最舒服的侧卧位置即可。无论哪种姿势，衣着都要尽量宽松，最好不要在空腹时、饱餐后一小时内、沐浴后三十分钟内进行，以避免生理上的干扰。

2. 进入自我放松状态

现在你已经准备好，开始一段得觉自我催眠的奇妙旅程了。请你面带微笑，再次检查你的头和脊椎是否保持正直，没有任何的弯曲。让你的双脚微微打开，与肩同宽，之后慢慢地将双眼闭起来。眼睛一闭起来，你就开始放松了。注意你的感觉，让你的心灵像扫描器一样，慢慢地从头到脚扫描一遍，你的心灵扫描到哪里，哪里就放松下来。

接下来，慢慢地深呼吸，吸气时宜用鼻子，要匀、细、柔、长；呼气时宜用嘴，同样匀、细、柔、长。每一次吸气的时候，想象全身的汗毛孔都吸进了非常棒的宇宙能量进入你的身体里面，使你的身体加倍地放松；每次吐气的时候，想象你将体内的二氧化碳统统吐出去，也把所有的烦恼、紧张、焦虑统统送出去，所有的不愉快、不舒服都离你越来越远。如此深呼吸三遍，从呼吸的过程中体会如何让全身进行更进一步地放松。

进入自我放松状态，需要自我引导，反复多加练习，直到形成条件反射，就能更快速地进入深度自我催眠状态了。得觉自我催眠放松有许多方法，如深呼吸、自我语言的诱导暗示、想象一幅幅的画面、躯体的放松（渐进式放松法、三二一法）等。

我们要坚持自我训练，逐渐找到适合自己的放松方法，让自己可以迅速地进入一种催眠的状态。当你以一种平静放松的心情进入到自我的内心世界中去的时候，你会看到一个理想中的自我生动地站在你的面前，你可以与他交流。在进入放松状态后，自始至终，你都要相信自己、接纳自己、鼓励自己，以一种从容的态度面对并处理着各种问题与挑战。

3. 确立自我催眠目标

确立目标——这是得觉自我催眠以及催眠别人重要的一点，也是与传统催眠不同的一点。得觉催眠发现，自我催眠时，除了专注、轻松之外，正确的意愿更是关键，而目标是激发意愿的最好方法。因此，在自我催眠前要问问自己，为什么要进行催眠，催眠中要在哪些方面做出改变，自己要提升到一个什么样的境界和高度等。在自我催眠之前，让自己的目标和期待先在自己的头脑中浮现，更有利于催眠效果的实现。

进入自我放松状态练习达到熟练程度后，我们就能很容易进入催眠状态了。这时，就可以利用催眠进行自我暗示，或想象目标达成后的成功景象。自我暗示需要的是正面的内心反应，利用设定的目标来创造成功的景象，形成暗示指令。如果给自己的暗示是简短的、明确的指令，最好将引导语重复十次。其间，可以用弯曲手指的方法避免重复暗示时睡着，即说一遍引导语，弯曲一根手指。

如果是为了解决生活中的压力大、情绪低落等负面情绪，可以进行以下想象：

在眼前和四周有一片云雾，在云雾的上空是太阳。云雾代表着障碍、压力和困难，太阳代表着成功、创造和智慧的光芒。太阳开始的时候离得较远，朦朦胧胧的，随着想象的进行、心境的改变，云雾逐渐消散，太阳变得明亮起来，放射出自由、幸福的光芒。

4. 开启自我对话模式

得觉独有的自我对话，也就是暗示语，是我们与"自"沟通的有效方式。得觉自我催眠就是要训练自己可以随时觉察自我对话。

在进入催眠放松状态后，开启自我对话有两种方式，一种是把"我"确定的目标，转变成激励自己的暗示语，反复对自己的"自"说，直到内心确信无疑。另一种是没有明确的目标，那就让自己全然地放松下来，感受身体的感受，倾听自己内心的声音，也可以对"心"提问，这时内心就会升起一个词语、一句话或者是一个场景、一幅画面，也可能是身体酸麻胀痛的感觉，或者是闻到了某种特殊的气味，等等。总之，每个人的感觉系统不一样，开启自我对话的模式也不一样。

我们通过利用积极的、鼓励的语言或者图像画面，反复强化自己内心的动力点，不断地重复，帮助我们在内心建立起强大的信念系统。得觉自我催眠的诀窍，就是要对心中升起的正向自我对话不纠结不修改，反复确认，直到毫不怀疑，使之成为激励你前行的动力。

自我催眠的暗示语是为了达到某一目的，不断重复的某一字句，或者告诫自己意欲去做却难以做到的事的话语。例如，你想减肥，想让自己达到理想的体型和体重，这时你可以想象自己站在一面大镜子前，在镜子里，可以看到自己焕然一新，十分理想的形象，你不断地告诫自己："如果我达到了那种理想的体重，会显得更加精神，更美丽。一旦我体内的营养够了，就不会有饥饿感，不再多吃东西了。"

什么样的暗示语对自己最有效？这需要自己在生活中去觉察。一般说来，让自己最心动的那句话，就是自我催眠的暗示语。有一点要特别注意，有的人无意之间也在用这样的类似的方法在催眠自己，却用的是负性的暗示，比如：我很笨，我做不好这些事情的；我很胆小，我如果当众说话，一定会紧张得说不下去的；等等。很多人有一种倾向，习惯给自己贴负性的标签，用负性的暗示和情绪催眠自己，如果你觉察到这一点，就要立即停下来，转换一下场地，做做其他事情分散一下注意力，让自己迅速从负性的自我催眠里出来。此外，还有一种比较常见，却常常不被我们察觉的暗示语，就是极端情绪下产生的念头，这个念头甚至可能成为我们的一个隐形魔咒。

5. 全身心体验喜悦

通过自我催眠与自己内心沟通，你会发现那些令你开心的人、事、物，不在别处，就在你的内心深处，只是你的关注点一直放在那些让你不开心的人、事、物上而已。调整关注点，你就会得到一种成功的体验，心里就会升起一份喜悦，这份喜悦来自你内在的自我平衡。在自我催眠中，你可以想象在自己面前出现一张巨大的银幕，就好像在电影院里看电影一样，看到自己目标中的画面，听到支持自己的声音，让自己成功的画面永远印在你的脑海之中。

得觉自我催眠是一个无比奇妙的身心体验过程，需要你全身心地放松与感受。身心越放松，你的感受就会更深一步。通过练习自我催眠，会让我们更好地接纳自己，帮助我们懂得感悟，懂得取舍，懂得做事要尽自己的全力，无论什么样的结果，自己都会全然地接受。自我催眠可以把积极面对的种子种在心田，让我们放下过去痛苦的记忆，让自己的生命"从心开始"，每天都可以充满力量地感受人与宇宙、人与自然、人与社会、人与人之间的和谐共生。

6. 适时地唤醒自己

自我唤醒引导语也可以是多种多样的。比如："我数十个数，就自然地醒来。一、二……十，睁开眼睛，苏醒过来，一切正常，太好了！"

得觉自我催眠的时间一般最好控制在十到二十分钟之内，自己可以设置时间言语等暗示，也可以设置时钟闹铃。唤醒的过程不能操之过急，节奏要缓慢，给自己一些时间回到意识状态，然后要好好回忆目标的语言或目标景象，记住一定要感谢自己花费时间来做自我催眠。也可以对自我说："好了，充满自信的我找回来了，我会积极地思考和面对一切"或"很好，我现在感觉好极了，我将带着满满的能量投入到工作和生活中去"等。

最终，慢慢地抬起头，舒展舒展自己的肢体，慢慢地睁开眼睛，适应周围的光线，逐渐从催眠的状态中回到现实。想象从现在开始，自己就要从容不迫、坚定不移、足智多谋地迎接一切挑战。

三、自我催眠的方法

1. 回归入定法

（1）我们只有明确自己到底要什么之后才会知道自己做什么，也就是确认目标。现在请问问自己："我想要的是什么？或者说我想成为一个什么样的人？"请把答案写下来。

（2）假如你想出的不止一条，请把你想的都写下来。

请大声念出你想要的，然后将"我想要……"改写为"我不要……"

现在，请大声念"我不要……"

删掉你读起来感到比较舒服的，留下最不舒服的一个。

（3）请用最简单的一句话描述你的目标，最好是五个字以内。

（4）你将在什么时间达到目标？你在什么地点达到目标？和谁一起达到目标？

（5）将目标继续具体化。如你想要一座房子，请描述是怎样的房子，多大面积、在几层、几个房间、房子前面有什么、有车库吗？将具体目标描述给你身边的人。

（6）请闭上眼睛体会你达到目标时的感觉，体会心里是什么感觉？身体是什么感觉？看到的画面是什么？

（7）请你找一个关键词代表你的目标。现在用脚写出这个关键词，将写出的画面放在右上方。也可以用一个形象来代表目标，比如自然界的某种生物或一个物品、一个人物等。

2．心觉入定法

（1）选择一个没有干扰的宁静的地方。

（2）选择一个舒适的坐姿，建议坐椅子的前三分之一，双手自然放在大腿上。

（3）闭上眼睛，腹式深呼吸，用鼻慢慢吸气，用嘴慢慢呼出。

（4）一对一练习，每人七遍。A练习，B记录A的放松程度，并用"我看到……""我听到……""我感觉到……"的句式相互分享。

（5）加入节拍。A和B继续互动练习，每人二十一遍，A呼吸和念心音，B打节拍和数数，然后交换体验。

（6）分享。

（7）提取目标关键词，或者形象，用脚写出关键词，放在右上方。

（8）唤醒。倒数"三、二、一"，当数到一的时候睁开眼睛，体会放松和喜悦的感觉。

每天练习一到两次，每次十到二十分钟。最佳的练习时间是早餐之前和晚餐之后。大部分人觉得早餐前做比较容易。

3．紧张放松法

（1）选择一个没有干扰的宁静的地方。

（2）选择一个舒适的坐姿，建议坐椅子的前三分之一，双手自然放在大腿上。

（3）腹式深呼吸，用鼻慢慢吸气，用嘴慢慢呼出。

（4）起立，依次练习放松全身各个器官，眼睛、嘴巴、脖颈、肩膀、上臂、前臂、手、胸、腹、臀、腿、脚，直到全身放松。

（5）坐下，闭上眼睛，腹式深呼吸，放松。

（6）提取目标关键词或者形象，用头写出关键词，将画面放在右上方。

（7）唤醒。倒数"三、二、一"，当数到一的时候睁开眼睛，体会放松和喜悦的感觉。

4. 漫游入定法

（1）选择一个没有干扰的宁静的地方。

（2）选择一个舒适的坐姿，建议坐椅子的前三分之一，双手自然放在大腿上。

（3）腹式深呼吸，用鼻慢慢吸气，用嘴慢慢呼出。

（4）催眠师带领被催眠者体验美妙的一天。以时间为序，体验地点切换、人物变换、场景移动、情感体验、事件过程、角色转换。

（5）提取目标关键词或者形象，用头写出关键词，将画面放在右上方。

（6）唤醒。倒数"三、二、一"，当数到一的时候睁开眼睛，体会放松和喜悦的感觉。

5. 体验聚焦法

（1）选择一个没有干扰的宁静的地方。

（2）选择一个舒适的坐姿，建议坐椅子的前三分之一，双手自然放在大腿上。

（3）闭上眼睛，腹式深呼吸，用鼻慢慢吸气，用嘴慢慢呼出。

（4）设定感受顺序：视觉、听觉、体觉。

（5）进行视觉、听觉、体觉描述，每种感觉讲三样。

（6）每种感觉描述两种新的体验。

（7）每种感觉描述一种新的体验。

（8）提取目标关键词或者形象，心中默念三遍，将画面放在右上方。

（9）唤醒。倒数"三、二、一"，当数到一的时候睁开眼睛，体会放松和喜悦的感觉。

6. 忆想入定法

（1）选择一个没有干扰的宁静的地方。

（2）选择一个舒适的坐姿，建议坐椅子的前三分之一，双手自然放在大腿上。

（3）闭上眼睛，腹式深呼吸，用鼻慢慢吸气，用嘴慢慢呼出。

（4）提问："请你回忆……"

（5）提取对方关键词，顺势引导，引出画面。

（6）继续提问，让对方有多个层面、多个角度的体验和感受。

（7）继续感受三到五分钟。

（8）提取目标关键词或者形象，心中默念三遍，将画面放在右上方。

（9）唤醒。倒数"三、二、一"，当数到一的时候睁开眼睛，体会放松和喜悦的感觉。

7. 特音入定法

（1）选择一个没有干扰的宁静的地方。

（2）选择一个舒适的坐姿，建议坐椅子的前三分之一，双手自然放在大腿上。

（3）闭上眼睛，腹式深呼吸，用鼻慢慢吸气，用嘴慢慢呼出。

（4）用特音"哞哒日""嘟哒日""嘟热索哈"。

（5）一对一练习，念一百零八遍。A念，B数，从一百零八起，数字下减无序，注意停顿。

（6）提取目标关键词或者形象，心中默念三遍，将画面放在右上方。

（7）唤醒。倒数"三、二、一"，当数到一的时候睁开眼睛，体会放松和喜悦的感觉。

8．两难入定法

（1）三人一组练习。

（2）B和C一起选择七组对立的词，比如"快乐/痛苦""勤劳/懒惰""大度/小气"等，组成句子比如"你正在体验快乐"。

（3）A体验，B和C一起用语言催眠。

（4）请A选择一个舒适的坐姿，建议坐椅子的前三分之一，双手自然放在大腿上。闭上眼睛，腹式深呼吸，用鼻慢慢吸气，用嘴慢慢呼出。

（5）B说："你正在体验快乐。"C说："你正在体验痛苦。"接着B和C同时说："当你同时体验到快乐和痛苦的时候，一定是一件美妙的事情。"

（6）将七组对立的句式做完。

（7）互换体验。

四、自我催眠注意事项

近年来，越来越多的人认识到催眠在人类社会生活中有着巨大的作用，很多人也开始选择专业的催眠机构来疗愈身心，而更多的人会选择进行自我催眠来缓解生活中的压力、助眠或者治疗瘾症等。但自我催眠并不是万能的，尤其是对一些疾病、疼痛的治疗，自我催眠只是起到辅助作用，必要时请求助正规的专业医疗机构。

1．设立自我催眠目标很重要

不管是对他人催眠，还是进行自我催眠，在催眠之前，都需要先弄清楚几个问题：为什么做催眠？催眠后要走向哪里？目标是什么？

得觉倡导的自我催眠的目标，是提升自己生命的能量层次。具体来说，就是自律自觉、正言正念，给自己正向的对话，种下适合自己的、积极的暗示语。调顺自我对话，做到不纠结，甚至让自己的情绪更长时间处于最佳状态，活出生命的精彩。

得觉研究发现，确立自我催眠目标一般有三个原则：

一是目标要符合实际，不要试图一步登天。也就是说，目标一定是自己力所能及的，通过自己的努力可以达到的，而且这个目标一定是适合自己的。比如你每次考试都是全班倒数第一，然后给自己定的催眠目标是"我下次考试要考全班第一"，这就很难奏效。

二是目标要用正性词语，不要出现负性词语。目标中不能带有"不要、别、无、没有"等否定词，比如你给自己的目标是"我不要再焦虑了"时，这样的语句常常会加重你的焦虑，因为它一直在提醒你焦虑。同样，一个自卑、成绩差、紧张的人，在设置暗示语时，词语可以用自信、专注、平静等正性词语来代替不要自卑、不要粗心、不要紧张等负性词语。

三是目标一定要简单凝练，朗朗上口便于记忆。目标简单一两句即可，不需要长篇大论。就像广告语越简单越洗脑一样，你可能不知道脑白金到底有哪些成分，但当你一听到"今年过节不送礼"时，马上会脱口而出"收礼只收脑白金"。

2. 了解自我催眠的应用范围

自我催眠的应用范围很广，比如：可以应用于人的潜能开发，特别是青少年的潜能开发。其实，人只要专心地做一件事情，所有的肌肉细胞就会只做一件事情，这就是所谓的潜能，实际上它不是潜能，是你本在的东西，叫本能。中国的古医学里早就有记载，持续的自我催眠可以把人的这种本能调动出来。

在日常生活中，如果你精神疲倦，但没有时间休息，用十五到二十分钟的自我催眠便可以达到很好的恢复效果。长期失眠的人，只需坚持自我催眠五到十天便能改善情况。自我催眠可以用于疾病的辅助治疗，心理因素对人的健康的影响巨大，是众所周知的。用正向的自我对话进行自我催眠，有利于调动人身体的本能和免疫系统去战胜疾病，使身体恢复原有的状态。而一些人生重病以后，启动了负性的自我催眠、自我暗示，让身体机能迅速下降甚至溃败，导致很快走向死亡，这样的案例比比皆是。所以人们说，有时人不是病死的，是被自己吓死的。

当然，自我催眠对于觉察自己的内在，找到提升自我成长的路径，效果也是显而易见的。有人说，人生前半段，我们都活在别人的催眠里，在公司你要做个勤勤恳恳、任劳任怨的员工，在家里你要做个负责任的好爸爸、好妈妈，在父母面前你要做个好儿子、乖女儿……人们常常误将别人的包袱扛到自己肩上，把别人的人生当成自己的人生去过。如果你想自己人生的后半段生活得更快乐，更有生命力，就请做你自己的催眠大师。

3. 熟知自我催眠中的注意事项

首先要全身放松，服装不宜过紧，将有碍于全身放松的眼镜、领带、手表、项链、戒指等脱下。找一个适合练习的安静并且温暖的环境，坐好或者仰卧下来，默默地告诉自己："现在我要开始练习了，这个练习很安全，我可以随时停止。这个练习可以使我很舒服，很放松……"

自我催眠时，可以自己引导自己体验和觉察；也可以用手机事先录下一段自我催眠引导语，然后躺在一个自己觉得舒服的地方静静地听着，反复训练和体会就可以了。如果事先没有录音，可以先想好要催眠的目标和体验的内容，然后躺好闭上眼睛，心里默想，想到哪里就体会到哪里，不必完全拘泥于书本上的引导语，可以按照自己的感受和习惯，二次创造更适合自己的引导语。

自我催眠和他人催眠一样，只要实施得当，没有什么危险性。但是有一些事项一定要注意：一是在进行机械操作、驾驶或者做任何其他需要精神集中的事情时，不能播放催眠用的语音或碟片等；二是曾有过心理疾病的人，如果没有征得适当的医疗建议（催眠医师、催眠师的建议），最好不要擅自进行自我催眠；三是在你不知道疼痛的原因时，如果没有征得医疗人员的同意，最好不要利用自我催眠的方式来减轻疼痛。如果你手腕骨折了，而你采用自我催眠的方法减轻了疼痛并且继续使用受伤的胳膊，可能会造成无法挽回的损害。

总之，自我催眠的方法并不神秘，是真实可行的。同时，自我催眠和生活中其他的美好事物一样，也需要一定的努力、练习和实践。通过实践你会逐渐习惯进入催眠状态的感觉，而且你越能够适应这种感觉，就越容易成功地诱导自己进入催眠，让催眠发挥其应有的作用。

五、自我催眠常用引导语

学会得觉自我催眠，除了掌握自我催眠完整的步骤之外，就需要熟记或录制一些比较常用的自我催眠的引导语了。目前，在网络上各类自我催眠引导语比较多，大家可以根据自己的喜好，自己进行体验辨别，最终找到最适合自己的引导语。引导语可以帮助你反复训练，直到可以快速进入到自我催眠状态。

1. 睡前自我催眠引导语

下面是一套非常简单实用的自我催眠引导语，让你告别失眠，快速入睡，并且醒来后精神百倍。请你先将自我催眠的目标（暗示语）提前想好，在躺下睡觉前做以下的自我引导。记住两点：一是开始的深呼吸放松很重要，要反复练习，直到大脑放空、身体全然地放松；二是自我暗示语要数完十次后才能睡觉，为避免睡着，可以以屈手指头来计算自己做了几次。此方法适合每天练习，持续一个星期后，就可以帮助你快速进入催眠状态了。引导语如下：

"现在，请慢慢地将双眼闭起来，眼睛一闭起来，你就开始放松了，注意你的感觉，让你的心灵像扫描器一样，慢慢地从头到脚扫描一遍，你的心灵扫描到哪里，哪里就放松下来。

慢慢地深呼吸三次，吸气——吐气，吸气——吐气，吸气——吐气。每一次吸气的时候，都想象你吸进了非常棒的宇宙能量到你的身体里面，使你的身体加倍地放松；每次吐气的时候，想象你将体内的二氧化碳统统吐出去，也把所有的烦恼、紧张、焦虑统统送出去，所有的不愉快、不舒服都离你越来越远。

从现在起，保持自然呼吸。想象你来到一个一望无际、美丽的大草原，湛蓝的天空中，一片片的白云慢慢飘过。就在这明媚阳光的天空下，你躺在柔软而舒适的草地上，享受着清新的空气，阳光温暖地洒在你的身上，你感觉非常温暖非常舒服。远处徐徐吹来的微风，让你闻到了花儿的芳香。深吸一口气，令你感到前所未有的轻松，感到前所未有的舒服。

（大约三分钟后）

好，接下来，请你在心里反复默念，自我激励的暗示语（十次）：

我爱我自己，我会一天比一天更有自信、更有活力、更有能量（屈起一根手指头）……

我爱我自己，我会一天比一天更有自信、更有活力、更有能量（再屈起一根手指头）……

……十个手指都屈起完，也表明十次暗示完成。

最后，请你记住这种感觉，记住这个场景，记住这个画面。今天的自我催眠暗示已经完成了。现在，你已经处于一种能够非常快速进入睡眠的意识状态，身体完全放松了。是该睡了，好好睡，你感到睡觉是一种享受，好好睡吧！好好睡！明早见。"

2. 渐进式放松法引导语

"现在，把你的身体调整到最舒服的姿势……请将眼睛闭起来，眼睛一闭起来，你就开始放松了……注意你的感觉，让你的心灵像扫描器一样，慢慢地，从头到脚扫描一遍，你的心灵扫描到哪里，哪里就放松下来……

现在开始，你发现你的内心变得很平静，好像你已经进入另外一个奇妙的世界，远离了世俗，你只会听到我的声音和背景音乐的声音，其他外界的杂音都不会干扰你。甚至，如果你听到突然传来的噪音，你不但不会被干扰，反而会进入更深、更舒服的催眠状态……

现在，注意你的呼吸，你要很深、很深地呼吸，要有规律地深呼吸，慢慢地把空气吸进来，再慢慢地把空气吐出去。深呼吸的时候，想象你把空气中的氧气吸进来，空气从鼻子进入你的身体，空气流过鼻腔、喉咙，然后，进入你的肺部，再渗透到你的血液里，这些美妙的氧气经由血液循环，再输送到你全身每一个部位、每一颗细胞，使你的身体充满了新鲜的活力。

吐气的时候，想象你把身体中的二氧化碳通通地吐出去，也把所有的疲劳、烦恼、紧张通通地送出去，让所有的不愉快、不舒服都离你远去……

每一次的深呼吸，都会让你进入更深沉、更放松、更舒服的状态。

注意你的呼吸，当你在专注呼吸的时候，觉察空气在你体内的流通，感觉氧气进入全身每一个细胞，你的身体正在补充能量。你越将注意力集中在你的呼吸上，你的身体就会越健康，越有活力。

从现在起，继续深呼吸，你一边深呼吸，一边聆听你的声音引导，很自然地，你什么都不必想，也什么都不需要想了，只要跟着你自己的引导，很快你就会进入非常深、非常舒服的催眠状态……"

3. 眼睛凝视法引导语

这种方法，既可以用于自我催眠，也可以用在给被催眠者催眠上。这个催眠引导语可以自己反复使用，直到完全掌握闭上眼睛的时机为止。

首先让自己找一个舒服的姿势，安顿好之后，播放自己的录音。引导语如下：

"现在，请你看着正前方的墙壁，把眼光注视正中央那一点，并且固定在那一点，非常专心地凝视。

一边凝视，一边感觉到你的身体越来越放松……

任何时候，当你觉得自己进入催眠状态时，就可以把眼睛闭起来。

在你凝视那一点的时候，你也会感觉到整个人越来越安静，念头越来越少，你可以很清楚地觉察心中流过的每一个念头……

现在，你感觉到身体更放松了，你呼吸的速度也变得比较慢，慢慢地，你会感觉到眼皮越来越沉重……

你的意识会渐渐进入一种恍惚的状态，你仍然是清醒的，但是有一种宁静的感觉，好像你渐渐地置身于另外一个时空……

继续专心凝视那一点……有时候，你会忍不住眨眨眼睛，这是很正常的，你每眨一次眼睛，你就更接近催眠状态……

你的身体越来越放松了，你的念头也越来越少了……

你只会听到我的声音，外面其他的声音会变得好像从远方传过来，不但不会妨碍你，而且还会帮助你进入催眠状态。

你的眼皮越来越沉重……当你感觉到眼皮沉重到某个程度时，你就会自然而然地把眼睛闭起来，享受那种眼睛闭起来的舒服感受，当你眼睛一闭起来的时候，你就自然而然进入催眠状态了。"

最后一步，自我唤醒："刚刚在催眠的过程中，你所体验到、感受到的，都会清楚地印在你的脑海里，任何时候你都可以回想起来，并且得到很大的启发、很多的帮助。下次当你再度催眠时，你一样会很容易进入催眠状态，甚至进入更深、更棒的催眠状态，而且有很大的收获。"

4. 自我恢复能量引导语

这种方法，非常适合加班、熬夜的人群。在紧张的加班过程中，腾出几分钟时间给自己，给自己的身心，放松一下，充充电，你就会满血复活。

首先，请你找到一个非常安全舒适的地方坐好或者躺下，做好自我催眠的准备。引导语如下：

"现在开始闭上眼睛，深吸一口气，憋住，一、二、三，再慢慢地吐出；再来一次，深吸一口气，憋住，一、二、三，再慢慢地吐出；再来一次，深吸一口气，憋住，一、二、三，再慢慢地吐出；每呼吸一次，都会让你感到越来越放松、放松、放松……

接下来，将你的注意力放在眼睛的肌肉上，开始放松自己的眼睛。感觉好像已经太累了，太晚了一样，好像已经很晚很晚，让你感觉很困很困了一样，逐渐地眼睛就没有办法睁开了，感觉眼睛越来越累，越来越不想睁开，就好像有胶水把眼睛粘住了一样，没有办法睁开眼睛。（停顿十秒）

好，现在在心里数三个数，从三数到一，你可以让自己轻轻地试着睁开眼睛，你会发现果然没有办法睁开了，当你感觉自己真的没有办法睁开眼睛的时候，就不要去尝试了，继续放松就可以了。

五，越来越放松；四，越来越放松；三，越来越放松；二、一，加倍地放松下去，你会发现眼睛已经没有办法睁开，那么就将眼睛这种放松的感觉从头传到脚，刷的一下子，让自己全身都放松下来，让自己全身的肌肉都完完全全地松弛下来，一丁点儿力气都没有，一丁点儿力气都不需要使，就让自己享受一下这种安宁、美妙、舒适、深沉、放松的感觉。

无论刚才心里有什么烦的事情，或者是身体上有哪些不舒适的感觉，不论是哪里肌肉感觉非常酸，或者是之前感觉哪里非常累，就让那些感觉散掉坏掉，它们都不重要了。当我再次从五数到一，你会感觉更加地放松，感觉更加地好。五，更加快速地放松下去；四，更加快速地放松下去；三、二、一，完完全全地放松下去。

非常好！如果你体验到了这种放松感觉的话，就动一动自己的大拇指。一会你要从一数到五，然后睁开眼睛，当你睁开眼睛的时候你会发现，自己会感觉非常非常地放松，而且心情也变得好了起来，不论你是正在工作，还是在熬夜加班，无论刚才有什么不好的那些感觉，它们已经完完全全消失掉了，当你自己数到五时，就睁开眼睛，你会发现自己神清气爽、精神饱满，感觉非常非常非常地好。

非常好！可以伸一个懒腰，让自己活动一下，然后你就可以继续自己的工作，加班、运动和生活了。"

5. 走楼梯九步法引导语

第一步，首先找一个舒适的、安全的地方坐下来或者躺下来。以你自己认为舒服的姿势，准备开启一次奇妙的自我催眠旅程。

第二步，请你闭上眼睛，试着去排除心里的焦虑和恐惧。一般来说，当你试着开始这样做的时候，你会发现不让自己去想事情是很困难的。你越是不让自己去想，就越是禁不住去想起一些事情。出现这种情况的时候，不要强迫自己不去想，相反，你要静下心来，好像你能看到这些想法，然后让它们轻轻飘走。

第三步，消除身体的紧张和压力。现在，从你的脚指头开始，想象你的紧张和压迫正在慢慢远离你的身体，从你的身体中消失。想象你身体的每一个部分，从你的脚指头向上直到你的整个身体，都从紧张和压迫中释放出来。幻想你身体的每一部分都会随着压力的释放而变得越来越轻。放松你的脚指头，然后是你的脚，继续放松小腿、大腿、臀部、腹部……直到你放松每一个部分。

第四步，缓慢地深呼吸。当你呼气的时候，你看到你的压力像乌云一样散去；当你吸气的时候，你看到新鲜的空气像一种光明的力量，充满活力和能量。

第五步，欣赏你现在的放松状态。想象你现在站在十层楼梯的上面，把从上到下的每一个画面的细节都仔细想象。告诉自己，你要从上面的楼梯下来了，从十层开始，一边走，一边数你走过的每一个台阶。同时想象你走过的台阶数，这些数字越大，你就越接近地面。你觉得你的身体正在越来越放松，你能清晰地感觉到每走一步，踏在台阶上的感觉。一直往下走，一边数数，直到你到达楼梯的底部。一旦你到达底部，想象自己是快乐和放松的。

第六步，把你所关心的问题说出来。一定要用现在时态的话语对自己进行心理暗示。（注意：在你进行自我催眠之前，你要知道自己将会暗示自己什么。否则，在催眠过程中去想的话，会打断催眠。同时，暗示语一定不要带否定和消极的词语。比如：不要说"我不想变得疲倦和暴躁"，应该说"我是冷静的和放松的"。其他积极的陈述例如："我很强壮，也很苗条""我是成功和积极向上的"等，甚至比如你背部疼痛，你可以说："爽啊，我的后背感觉实在是太好了！"）

第七步，根据自己的需要，重复第六步。

第八步，慢慢恢复正常意识状态。当你感觉心情舒畅了，就开始从楼梯的底层开始往十层走。同下楼梯一样，你一边数数，一边想细节。当你走到十层的时候，你将会慢慢恢复正常的意识，同时保持平静和放松。

第九步，结束自我催眠。当你恢复正常意识后，不要马上睁开眼睛。可以先躺一会，然后再起来。

第二节　得觉集体催眠

集体催眠就是对多人同时进行催眠。集体催眠的人数没有一定的限制，可以从数人到数十人甚至数百人。在集体催眠前应进行充分的心理准备，要求遵守催眠的规则，勿影响他人。每个人都倾注于自身的感受和体验，这样易于取得成功。

一、集体催眠的理论假设

不了解集体催眠原理的人可能感觉紧张，或心生疑问。一个人怎么可以同时处理那么多人呢？其实，人越多，越容易进入催眠状态。实践证明，集体催眠并不是所想象的那样困难，如果施术得当甚至比个体催眠更易成功。有关集体催眠的理论假设主要有以下几个方面。

1. 集体催眠中的从众效应

从众效应，是指当个体受到群体的影响（引导或施加的压力），会怀疑并改变自己的观点、判断和行为，朝着与群体大多数人一致的方向变化，也就是通常人们所说的"随大流"。

从众，不自觉地寻找归属感和安全感，是人类普遍存在的一种心理状态。在人群中总有一定比例的人，是容易接受暗示而被催眠的。当催眠师的指令发出后，这部分人首先接收到信息，并产生体感及其他反应，这就在人群中构成了一个小环境，也就是进行集体催眠的场。场可以让催眠师的影响力倍增，进而催眠所有的人。

所谓的场，有人用磁场来作类比的分析，简单地说，场就是人们对某种感觉的普遍感知度。场的形成是因为在群体中有些人对暗示有特别敏感的反应，会完全按照催眠师的暗示完成动作，而另外一些人虽然对催眠师的暗示不够敏感，但看到身边的人进入状态，就会不由自主地模仿周围人的反应。这或许是因为他们希望与别人得到一样的收获，同时只有与众人一样才会感到安全。在心理学上，这叫作从众效应，也叫集体无意识。说白了，催眠的场就是对从众效应的应用。

得觉催眠发现，集体催眠人数越多，集体的规模越大，个体的"我"里的评判就会越低，就会越容易从众。例如：我们都有过这样的感觉，几个朋友一起去咖啡厅坐，当第一个人，或前几个人点了饮料后，后面的人常常会不自觉地点一样的饮料。当人数达到成千上万人时，这样的感觉会更加明显，人的主意识会降低，价值判断会降低，很容易受无意识场的影响和控制，甚至做出一些失去理智的事情来。

2. 集体催眠提升团队凝聚力

俗话说"众人拾柴火焰高""一根筷子轻轻被折断，十根筷子牢牢抱成团"，这些话无不告诉我们集体力量和团队的重要性。然而团队的建设并不像谚语表述的这么简单，那么如何建设一个优秀团队，如何增强团队的凝聚力呢？集体催眠是一个很实用的方法。

首先，集体催眠可帮助员工树立远大目标。一个团队要想有发展，就必须要有一个远大而明确的目标，这个目标可以让团队的每个成员在这里找到自己存在的价值，明白自己对人类、对社会、对企业、对家人的贡献。围绕完成这个目标，在团队领导人的引导下，团队要有自己的团队精神、团队阶段目标、成员具体分工与目标。同时，要通过集体催眠，让团队成员对整体目标、阶段目标和分工目标都确信无疑，从内心中感到自己在这个团队里很重要，为自己是这个团队的一员而感到自豪。

其次，集体催眠可以营造家的文化氛围。人都是有血有肉有感情的，不是冷冰冰的机器，所以一个团队内部的氛围对于凝聚力具有很重要的作用。团队领导人应该依据团队发展目标和成员实际情况及社会环境等，按照社会主义核心价值观要求和团队领导的理想，引导全体成员讨论并形成团队的文化，然后通过集体催眠、拓展训练等团队建设活动，不断强化集体文化、家文化的引导作用，引导全体成员像家人一样，相互关心、相互帮助。同时，团队领导人要善于沟通，激发员工内在潜能，坚决纠正不良风气，从而不断提升团队的凝聚力。

第三，集体催眠可以有效维护员工身心健康。在纷繁复杂的市场环境下，企业面临新的竞争和挑战。企业员工在这种复杂多变的环境下也备受心理的困扰，由此会很容易产生负面的情绪，很可能对工作产生破坏作用，影响组织绩效和企业形象。因此，如何做好员工情绪的调控与管理，发挥员工情绪资本的作用，是当下成熟企业面临的新问题。为了不让各种事件的压力侵蚀员工的精神和身体、影响生活和工作，我们可以运用集体催眠的方法，让员工学会身心轻松，自我减压，从而建立起愉快、平静、积极的心态，以良好的状态去适应工作和生活。

3. 生活中处处皆是集体催眠

生活中，我们是一个群体，自然集体催眠也随时发生，只是不同领域有不同应用。我们每个人从一出生开始，就会接触大千世界的各种信息，不管是我们主动去获取，还是被动地接受，这些信息都围绕在我们身边，不停地催眠我们。如果你不相信，就来做做下面的实验。

现在请你闭上眼睛，在心中默默地读"老鼠"这个词语，重复默读，当你读到第十遍的时候，你再睁开眼睛，继续看下面的内容，你做好准备了吗？

现在快速告诉我，猫怕什么？

我想，你的心理答案是"老鼠"，对吗？其实不仅是你会得出这个结论，90%以上的人都会得出这个结论。你有没有觉得很奇怪，你明明处于一个清醒的状态，为什么会得出"猫是害怕老鼠的"这样一个结论呢？猫应该害怕豺狼虎豹才对吧？这就是生活中的催眠。

再比如，如今短视频和直播卖货非常盛行，其实这里面有很多集体催眠的影子。短视频就是运用了瞬间催眠的方法，他们用独特的内容与节奏型的音乐，在非常短的时间内吸引一个人的全部注意力，而这就是集体催眠的开始；接下来，你可能都不知道你被催眠了，自己已经不自觉地按照视频中提到的那样，点击了视频下方某个链接或者下单购买了某种商品。

生活中集体催眠的发生，就是需要每个人的注意力非常专注在催眠师的声音与引导上。而带货主播们，就是一种独特的催眠师，特别是那些知名主播们，销售越多，催眠的能力越强。为什么这么讲呢？也许他们并不懂催眠，但是他们确实在应用一些催眠中的技术。比如，一些主播在他的视频中，就形象地展示了一种催眠方法——倒数，如果你回想一下，最后萦绕在你脑海里的，肯定有一串数字。

在催眠治疗中，催眠师会使用倒数来帮助被催眠者进入更深的催眠状态中，或者进行回溯。这是一种很普遍的技巧，不同的催眠流派中几乎都会涉及。在主播的视频中还经常提到了"红包要多""副播要重复主播的话"这些技巧，其实就是利用重复关键词来加深印象，因为重复也是一种催眠。对于那些容易接受暗示的人来说，请你在观看卖货直播和短视频的时候，一定要保持清醒啊！

二、集体催眠的步骤

集体催眠的方法也很灵活，不一而足。催眠师可以根据自己的经历，及催眠对象的情况，灵活地选择催眠道具和素材，只要把握好几个重点要素就可以了。

下面以集体催眠治疗为例，介绍一下集体催眠常用的六个步骤。

1. 准备阶段

这一阶段，首先要准备好适合集体催眠的场地——最好是催眠治疗室或大的教室、会议室，每人一把带椅背的座椅。提醒大家，用自己舒适的姿势坐好，解开衣领，放松腰带，凝神静气。

其次，催眠师要与大家进行催眠前的沟通，也叫暖身。常用"三分钟呼吸放松法"，通过调整呼吸，帮助参加集体催眠的人员学会放松，体验催眠指令，排除对催眠的错误认识，增加感性认知，减少参加者的怀疑、紧张、焦虑与恐惧感，建立参加者与催眠师之间的信任关系。

根据参加团体催眠的人数，这阶段准备时间可持续三到五分钟，直到催眠师看到大家有一些催眠现象发生，比如固定一点地直视、眼睛沉重、肩膀松弛、全场安静下来，然后进入下一步骤。

2. 导入催眠

催眠师指导语："现在，把你们的身体调整到最舒服的姿势，请将眼睛闭起来，眼睛一闭起来，你们就开始放松了。注意你们的呼吸，你们要很深、很深地呼吸，要用有规律的深呼吸，慢慢地把空气吸进来，再慢慢地把空气吐出去。

深呼吸的时候，想象你们把空气中的氧气吸了进来，氧气从鼻子进入你们的身体，流过鼻腔、喉咙，然后进入你们的肺部，再渗透到你们的血液里。这些美妙的氧气经血液循环，被输送到你们全身每一个部位、每一颗细胞，使你们的身体充满了活力。

吐气的时候，想象你们把身体中的二氧化碳通通地吐了出去，也把所有的疲劳、烦恼、紧张通通地送了出去，让所有的不愉快、不舒服都离你们远去。每一次的深呼吸，都会让你们进入更深沉、更放松、更舒服的状态。"

3. 放松训练

催眠师指导语："现在我们由下而上进行进一步的放松训练。先开始放松十个脚趾，放松两个踝关节，放松小腿前后。体验一下是否放松了？再放松两个膝关节，放松大腿前后肌肉……"

继而依次暗示被催眠者放松髋部、腹部、胸部、颈部、上臂、肘关节、前臂、手背、手掌、十个手指，再暗示放松面部、头部。

在整个放松训练过程中，如观察到被催眠人员脚趾或手部或某部位微微移动，说明他正在执行催眠师的指令。反之，如未见有移动反应，可试验一下他的肌肉是否放松。在集体放松训练中，若个别人员未达到放松状态，应加强个别暗示。

催眠师指导语："从现在起，继续深呼吸，你们一边深呼吸，一边聆听我的引导。很自然地，你们什么都不必想，也什么都不需要想，只要跟着我的引导，很快你们就会进入非常深、非常舒服的催眠状态……"

4. 催眠状态

催眠师指导语："现在你们全身都放松了，很舒服。你们的身体变得很轻，轻得像一片羽毛一样在空中飞荡，飞来飞去，非常舒服。你们能清楚地听见我的指令，只与我保持联系，只听见我的声音。

继续保持深呼吸，每一次你呼吸的时候，你会感觉自己更放松、更舒服……

好，你们已进入催眠状态了！在这种状态中只能听到我的指令，你们都已进入催眠状态了。"

此时催眠师可以用暗示指令，如说"你们的右手很沉、很沉，沉得像灌了铅一样，想举也举不起来"，以检验参加人员是否进入了催眠状态。

5. 暗示疗愈

事先要根据每一组参加催眠人员的不同情况制订治疗方案，然后按方案施术。如治疗失眠多梦，可暗示："通过今天的治疗你们得到了一次充分的休息，大脑功能得到了调整。今后每当你们上床睡觉时就能迅速入睡，会睡得很深很深，睡得很甜很甜，也不会再做梦了，在深深的睡眠中不会被任何声音吵醒。"

再强化一遍："从今天的催眠中已证实你们的脑机能已恢复了，不会再为失眠多梦担忧，失眠多梦已彻底好转。你们已完全正常了。如果你们醒后感到轻松，就证明你已恢复正常了。

现在再次体验这种轻松舒适的感觉！这种非常舒适的、非常轻松的感觉，一旦体验到就会留在你的身体里，就会变成你的资源，随时都可以觉察和体验到。拿出一点耐心，仔细地体会，再体会……

一会儿你们醒来后，仍然会感到非常轻松，头脑清醒如洗，不会有任何忧虑。你们会感到睡眠是最愉快，最舒服的时刻。"

6. 适时唤醒

当集体治疗结束，催眠师要用暗示性指令唤醒大家。比如，说："现在我将要唤醒你们，大家注意我的指令，当我数到三时，你们就会睁开双眼，慢慢醒来。好！现在我开始数数了，一、二、三，好！大家都醒了。眼睛完全睁开，人完全清醒，觉得神清气爽。以后每次催眠，你都会一次比一次更容易进入催眠状态，而且会进入更深的催眠状态。"

此外，集体催眠每次一般四十到五十分钟，每周两到三次，五到六次为一疗程。暗示治疗语言，开始偏重于解释造成症状的原因，后面则要偏重于症状会消失的暗示，重复症状会消失的指令。

三、集体催眠注意事项

在集体催眠前，催眠师应当保证集体催眠有一个适当的环境，同时被催眠者也要做好充分的心理准备，遵守催眠治疗的规则，不要影响其他被催眠者。另外应该要求各被催眠者尽量倾注于自身的感受和体验，这样会比较容易取得催眠治疗的成功。

1．催眠人群分组

如果是集体催眠治疗，为了保证治疗效果，最好是让病情、年龄、催眠敏感度都比较相近而且性别相同的几个或十几个人，在一间治疗室里同时接受同一个催眠师的催眠治疗。

通常情况下，为了治疗操作方便，应当根据不同的病种和要求，具体情况具体分析，进行分组集体催眠治疗。比如都是焦虑症的集体催眠，或者都是大学生群体的集体催眠，等等。

2．催眠前的介绍

集体催眠，对催眠师的控场能力要求比较高。实践证明，催眠师的服饰与态度是一个非常重要的暗示源。因此，做集体催眠时，催眠师的服饰要整洁、庄重、得体，态度要和蔼可亲又不卑不亢，眼神要坚定、从容，从而给人以威严感、镇静感、亲切感和信赖感。

在实施催眠前，对参与集体催眠的人员介绍有关催眠的常识是很有必要的。如果参与集体催眠的人员对催眠一无所知，就会对催眠感到神秘莫测。心理学家认为，当人们处于对前景不知晓的情境中时，就会本能地处于焦虑状态，而当人们为焦虑所控制和支配时，注意力难以集中，情绪会处于不稳定状态。一言以蔽之，在这种焦虑的心态左右下，参与集体催眠的人很难接受来自外界的暗示。所以，应在正式实施催眠前向参与集体催眠的人做一些简单的介绍，进一步融洽气氛，以消除参与集体催眠的人的焦虑。

这种介绍一般包括催眠术的用途功效等，最为重要的是要使参与集体催眠的人明了接受催眠是有益无害的。此外，介绍要简明扼要，过于冗长有时反倒会使参与集体催眠的人如坠入五里雾中，愈来愈糊涂，这样就无法起到消除焦虑的作用了。

3. 敏感度测试

如果是个体一对一催眠，那理论上来说每个人都有可以被催眠的方式，催眠师只需找到恰当的方式就可以。但如果是集体快速催眠治疗，那就需要对参与的人员进行催眠敏感度测试了。

在参加催眠培训或者是现场要表演舞台催眠秀时，你会发现，催眠师不会上来就表演催眠，他通常会先讲一点东西，进行一轮或几轮和催眠有关的小游戏，然后再进行正式的催眠。催眠师是在用这种方式筛选催眠敏感度比较高的人，以保证后面催眠的成功。因此，集体催眠最好也是催眠敏感度相近的一群人，效果才比较好。

常用感受性测试方法之一：站立的同时，分开双手向前伸直，手掌相对，间隔约二十到二十五厘米，闭上眼睛就开始想象两手是两块相互吸引的磁铁，在关注吸引力的同时保持流畅的深呼吸。开始感受到吸引力的时候，双手之间的距离就会被自然拉近。越专注，吸引力越明显越大，吸引力越大，双手距离越近，距离越近，吸引力越大。感受性好的人，在催眠师的引导下，手掌靠近的速度更快、幅度更大，甚至在短短两分钟的闭眼感受过程中，早已贴近在一起了。

得觉催眠发现，催眠前对催眠者进行敏感度测试，不仅可以促进催眠过程顺利展开，而且还可以预测被催眠者接受催眠治疗的效果。

4. 催眠师的指令

集体催眠时，须尽量用坚定的口气发出指令性的要求，让被催眠者没有思考的余地，立刻产生行动。语言要干净、简洁、清晰，用短句，不要用客套话。比如：如果催眠师说"请大家高高举起右手，尽量伸长"这样的表述还不够清晰，可能引起被催眠者的思考："高高举起是多高呢？我现在这样够不够高呢？"可以换成以下表述："请大家举起右手，紧贴着自己的右耳朵，尽可能地向上伸长。"

如果催眠师的语速太慢、太轻柔，通常被催眠者就会觉得很无聊，自动走神。催眠师之所以说话很慢、很轻柔，一般源自错误的认知——催眠就是让被催眠者睡觉，既然是睡觉，就要轻柔，不能动静太大，否则会吵醒他。然而，这并不利于被催眠者进入到催眠状态。

得觉催眠发现，在做集体催眠时，好的催眠师能够时刻牵引住被催眠者的注意力，让他们时刻保持着和催眠师的联系，确保催眠师让他们做的，他们都在按部就班地进行。这是集体催眠成功的基本要素，这个要素在整个催眠过程中要时刻存在。

催眠师牵引被催眠者注意力的最好方式就是经常和大家互动，让大家对你的指令做出回应，而不是催眠师一个人在那里不停地说话，如说："接下来，我要你们想象，在你们的眼前会浮现出一个青色的柠檬。当你们看到了，你们就点头示意或动一下大拇指。"然后等待大家点头或动一下大拇指，当大家点头或动一下大拇指后，继续说道："现在，想象你们把这个柠檬切成了薄片，右手正拿着一片新鲜的柠檬放在舌尖上，酸酸的柠檬汁正沿着你们的舌尖向你的舌根流去，刺激着你们的口腔产生大量的唾液。如果你们感受到了你的口腔正在分泌唾液，你就点头示意或动一下大拇指。"

四、集体催眠的常用引导语

集体催眠时，指令性的内容要尽量让对方的体位发生改变，或肢体产生运动，把体感带进来。当体感进来以后，被催眠的人的注意力都集中到身体上，大脑的评判就降低了。这时催眠的作用才能更有效地发挥出来。集体催眠主题不同，引导语也不同。随着催眠技术的熟练，催眠师可以创造出独具自身特点的引导语。

1. "物体掉落法"催眠引导语

物体掉落法，这个技巧可以使用铅笔、圆珠笔或硬币。建议让被催眠者两手都拿着圆珠笔或铅笔，如果是用硬币，则全部都用硬币（要求被催眠者用拇指和食指拿着一支笔或一个硬币，告诉他们要拿好那东西。催眠师可以在适当时候把手中的东西故意掉在地上，以当作开场）。

引导语："现在，闭上你的眼睛，开始想象你们右手拇指和食指中的笔的样子。开始做五次深呼吸，每当你们吸气的时候，想象大量的氧气被吸进你们的肺部，氧气从你们的肺部进入心脏，再从心脏流向你们的全身，氧气充满了你们的全身。每当你们呼气时，你们会更放松、更舒服、更安详。

这种放松的感觉开始穿透你们的全身。穿透你们的右边肩膀，从你们的右边手臂流下来，穿透到了你们的右手掌，进入你们的手指头。很快地，你们的右手指头将会变得更放松，你们手上的笔会从你们的手指间滑掉，掉落在地上。

当你们听到笔掉落在地面的声音时，一开始你们可能会觉得很有趣，但那会使你们感到更放松、更放松。这种放松的感觉会充满你们整个身体，你们会尽情地享受这种感觉。

其他声音正在慢慢消失，你们只会听到我的声音。

放松的感觉不断地贯穿你们整个身体，从你们的头顶一直到你们的脚指头都完全地放松了。

在放松的状态下，你们会感觉到更多。你们会感觉到平静、舒服和祥和，你们会不断地跟着这种感受继续放松下去。

现在，把你们左手拇指紧压着左手食指。你们会感受到你们身体其他的部位更放松了。接着，你们的左手拇指会跟着放松，拇指和食指会慢慢分开。当左手大拇指和食指放松时，你们拿着笔的手指也开始放松，手上的笔将会掉下，并落到地板上。

当笔从你们的手中落下时，你们会进入更深的催眠状态。你们会闭着眼睛，直到我叫你们睁开为止。"

2. 集体放松恢复精力引导语

请您找一个安静的环境，选择你们最舒服的坐姿，闭上眼睛，放松身体，并保持缓慢的深呼吸，暂停思考，专注于放松和呼吸。

深吸一口气，慢慢把空气吸进来，保持一会儿，保持一会儿，慢慢地把空气吐出去。深吸一口气，保持一会儿，保持一会儿，慢慢地吐出去。（持续三分钟）

每一次的深呼吸，都会让你们进入更深沉、更放松、更舒服的状态。继续保持深呼吸。握紧你们的双手，用力，保持一会儿，感觉肌肉紧张，直到不能坚持，慢慢地放松。

将前臂用力抬起，用力，保持一会儿，感觉肌肉紧张，直到不能坚持，慢慢地放松。将双脚尖绷紧，用力、用力，保持一会儿，感觉脚尖的肌肉紧张，直到不能坚持，慢慢地放松。将双脚跟着地，脚尖向上翘，用力、用力，保持一会儿，感觉小腿的肌肉紧张，直到不能坚持，然后慢慢地放松。

接下来，请注意你们的头部。让你们的头皮放松、放松、放松；注意你们的眉毛，让眉毛附近的肌肉放松、放松；注意你们的眼睛，让眼皮放松，眼球放松；注意你们的耳朵，让耳朵附近的肌肉放松，完全放松；注意你们的下巴，让下巴附近的肌肉放松，完全放松；现在，把你们的身体调整到最舒服的姿势，让每一块肌肉都能放松下来。

请将眼睛闭起来，你们的眼睛一闭起来，你们就开始与外界隔绝起来，开始了真正的放松。注意你们的感觉，现在有一股清凉的微风从你们的头顶一直吹拂到脚，这股微风吹拂到哪里，哪里就跟着放松下来。从这一秒开始，你们会发现你们的内心变得宁静，似乎你们已经进入了另一个奇妙的世界，远离了世俗，你们只会听到我的声音，其他外界的任何杂音都不会干扰到你们。甚至如果你们听到突然传来的噪音，你们也不会被干扰，反而会进入更深更舒服的催眠状态。

现在，注意你们的呼吸，你们要很深很深地深呼吸，有规律地深呼吸，慢慢地把空气吸进来，再慢慢地把空气吐出去……每一次的深呼吸，都会让你们进入更深沉、更放松、更舒服的状态。

（小声）从头放松到脚，越来越放松，心情也越来越好，感觉越来越舒服。现在，你们全身都放松了，你们感到全身轻飘飘的，非常舒服。你们再想想，身上还有哪里不够放松，让它放松下来。当我从一数到十的时候，你们会比现在更放松十倍。一、二、三……十。

你们已经放松下来了，现在我要引导你们进入更深的催眠状态。你们要做的就是听我说。听我的声音，非常地放松。你们越来越放松并且心情平静。你们的肌肉将暂时无法做任何事。仔细地听我的放松声音，你们会感觉越来越快乐，越来越放松且平静。你们现在完全地放松并且平静了，所有的紧张消失了，你们的肌肉放松了，平静地休息。你们的每一寸皮肤都放松了，整个人都舒服地休息了……

当我从一数到十时，你们会发现，眼前出现了一颗巨大无比的水晶球，它将无穷无尽的能量洒在你们身上，你们会感觉到前所未有的舒服、愉快。现在开始深呼吸……

这是一颗透明、澄澈的水晶球，它的能量强大而柔和。现在，当你们吸气时，水晶球的能量从你们的头顶灌注进来，经过额头，来到喉咙，再经过胸部，来到腹部，能量蔓延到你们的双手、双脚。你们全身都浸泡在能量场中，身体非常舒服，心里非常愉快。

在这种神奇的能量下，你们的信心也正在迅速地修复，不断地得到强化。现在，想象你们就站在楼梯上准备往下走。这个楼梯共有十级，我会引导你们一级一级向下走，每往下走一级，你们的身体会更轻松、更舒服，你们的心会更宁静、更安详。当你们正准备往下走时，对重要的记忆、获得过的帮助、自己出现过的小毛病会有更多的清醒认识。

现在，你们向下走到了第一级阶梯，身心都更放松了；继续向下走到第二级阶梯，你们感觉到脑海里越来越宁静；继续往下走到第三个阶梯，你们很喜欢这种越来越放松的感觉；继续往下走到第四个阶梯，你们的呼吸更加顺畅，每一次吸气的时候都会把一种非常舒服的感觉吸进来；继续往下走到第五个阶梯，你们越来越深入潜意识了，你们也越来越有自信了；继续往下走到第六个阶梯，全身进入到一种非常舒服的状况，所有的压力、束缚都消失了，你们仿佛看到了那个自信、阳光、奋进的自己；继续往下走到第七个阶梯，你们很喜欢现在这种轻松、舒服的感受，自信的微笑洋溢在你们的脸上；继续往下走到第八个阶梯，你们越来越深入你们的潜意识，拥有了一种仿佛回到心灵故乡的心情，充满安全与宁静的感觉；继续往下走到第九个阶梯，你已经到达深度放松的催眠状态了，你们仿佛看到刚出生时的自己，眼睛清澈透明，浑身上下焕发着勃勃的生机；继续往下走到第十个阶梯，仔细品味、感受此刻的身体，好好地享受深度放松的感觉。

此刻，你们仿佛回到了自己最喜欢、最舒服的那张大床上。去探索你们的心灵深处，如果有任何让你们觉得不舒服的回忆，请让它飘浮起来，从上面观察，就像看一场电影；如果还是不舒服，你们可以睁开眼睛，完全恢复清醒意识。

现在请你们回想一下，你曾经有过的很开心很高兴的一次经历，可能是一次很开心很高兴的游戏，也可能是一次很开心很高兴的旅程。我要你们回想一下，当时你们的内心是什么样的感觉，当时的你是怎么样呼吸的，我要你们深深地记住这个感觉，仿佛忘了周围的存在，深深地记在潜意识中。

接着我要你们想象一下，假装自己的一切不快乐和烦恼都离你们而去，你们生活中的每一件事、每一个人都让你们感觉很开心、很舒服，你们会发现生活越来越舒心、越来越快乐。

你们的一切不快乐和烦恼都离你们而去，你们生活中的每一件事、每一个人都

让你们感觉很开心、很舒服，你们会发现生活越来越舒心、越来越快乐。（这段重复多遍）

接下来，我要你们静静地与自己待一会，把这种舒心、快乐的感觉留在身体里，存储在你们的记忆中。五分钟之后，我会唤醒你们。记住，五分钟之后听到我的声音就醒来。

（五分钟之后）好，非常好！接下来听到我从一数到三的时候，你们就会完完全全地清醒过来，你们将会感到全身轻松、自信乐观、精气神足。好，我现在开始数，一，清醒过来；二，已经清醒过来了；三，完全清醒了。请睁开双眼，慢慢活动你们的四肢和身体。

3. 生涯环游的步骤与引导语

生涯环游是得觉生命规划中集体催眠的一种方法。生涯环游就是利用催眠的技术，把你带到你期望的未来场景中，看看自己到底想要的是什么，到底在践行些什么。大部分人做了生涯环游都会有新的领悟和更明确的目标。它的目的是唤醒你内心真正的职业目标，激发每个人的内在动力去实现目标。

第一步，放松自己。在安静不被打扰的环境中，保持一种舒服的姿势。想象自己是一台扫描器，扫到哪里就放松到哪里。从头开始对每一个部位进行放松，呼吸均匀缓慢，感受呼吸。

第二步，确保环游时间。生涯环游可以来到你希望的任何时间，五年后、十年后、二十年后，甚至八十岁的时候都可以。

第三步，生涯环游过程的引导语："一起坐着时空机来到了十年后的世界，请你算一算，现在你多少岁？想象自己的容貌，有变化吗？请你尽量想象十年后的情形，越仔细越好，包括周围的场景。

好，现在你正躺在家里卧室的床铺上。这时候是清晨，和往常一样，你从睡梦中醒来，先看到的是卧室里的天花板，看到了吗，它是什么颜色？

接着，你准备下床。尝试去感觉脚指头接触地面那一刹那的温度，凉凉的，还是暖暖的？经过一番梳洗之后，你来到衣柜前面，准备换衣服上班。

今天你要穿什么样的衣服上班？穿好衣服，你照一照镜子。然后你来到了餐厅，早餐吃的是什么，一起用餐的有谁，你跟他们说了什么话？

接下来，你关上家里的大门，准备前往工作的地点。你回头看一下你的家，它是一栋什么样的房子？然后你将搭乘什么样的交通工具上班？

你快到达工作的地方，首先注意一下，这个地方看起来如何好。你进入工作的地方，你跟同事打了招呼，他们怎么称呼你？你还注意到哪些人出现在这里，他们正在做什么？

你在你的办公桌前坐下，安排一下今天的行程。然后开始上午的工作。上午的工作内容是什么，跟哪些人一起工作，工作时用到哪些东西？

很快地，上午的工作结束了。午餐如何解决，吃的是什么，跟谁一起吃，午餐还愉快吗？

接下来是下午的工作，跟上午的工作内容有什么不同吗，你在忙些什么？

快到下班的时间了，或者你没有固定的下班时间，但你即将结束一天的工作。

下班后你直接回家吗，或者要先办点什么样的事，或者要做一些什么其他的活动？

到家了。家里有哪些人呢，回家后你都做些什么事？晚餐的时间到了，你会在哪里用餐，跟谁一起用餐，吃的是什么？晚餐后，你做了些什么，跟谁在一起？

睡觉前，你正在计划明天参加一个典礼的事。那是一个颁奖典礼，你将接受颁奖。想想看，那会是一个什么样的奖项，给你颁奖的人是谁？如果你将发表获奖感言，你打算讲什么？

该是上床的时候了，你躺在早上起床的那张床铺上。你回忆一下今天的工作与生活，今天过得愉快吗？是不是要许个愿，许什么样的愿望？

渐渐地，你很满足地进入梦乡。睡吧！两分钟后，我会叫醒你……

（两分钟后）我们慢慢地回到这里，还记得吗？你现在的位置，不是在床上，而是在这里。然后，你慢慢地醒过来，静静地坐着。"

4. 神奇心灵花园催眠引导语

第一步，引言：

"我只想要让你们去体验一下催眠所带来的那种美妙愉悦的感觉。假如你们身体有任何不舒服的地方或有什么疾病，我现在要你们传送爱的能量到那部分。

运用想象力，在你们的心灵中呈现一张自己的照片。照片中的你们再次变得健康令你们满意，而那有病痛的部位也在你们的想象中变得完好和健康，你们的身体将恢复到他本来应有的健康状态。

大自然的设计使我们的身体能保持在健康的状态，身体是会自我痊愈的。我们身体所需的是心灵的合作和协助，让它能自然地运作和恢复。

现在，我要你们让自己处于一个舒服的姿势，让自己感到舒服，平静下来。现在你们已经准备好去探访你们心灵的花园了，检查你们的头和脊椎是否已成一直线，不要弯曲。

让你们的双脚微微打开，与肩同宽，双手背可以轻轻地放在身旁放松，将两手的掌心微微朝上，不用太刻意。现在请闭上你们的眼睛，请听着我的声音。"

第二步，进入催眠：

"当你们听到我的声音，你们将体会到一种美妙、放松的感觉发生在你们的身上。你们会发现全身延伸到脊椎以下的肌肉都将完全放松。

现在把意念放在你们的呼吸上，不要刻意用力地呼吸，只要去感觉到你们的呼吸变得缓慢和深沉。在你们吸气的时候，气会被带到腹部的下方，并且意识到在每次吸气时你们的小腹会微微地鼓起，在呼气的时候将所有的气完全地呼出，让自己所有的烦恼也一起呼出。更感到全身非常地沉重，快要下沉到地板里了。

感到你们深深地陷入地板里，越来越深，深入到地板里……你们感到很平静，你们的全身正在放松，而在你们每次缓缓地呼吸后，你们将更加地放松。

你们的眼皮开始感到非常地沉重和放松，感到舒服，是那样地放松的你们不想再睁开眼睛了，你们现在感受到平安、祥和、宁静。

当你们慢慢地呼吸，吸气，吐气……你们的全身感到非常地沉重和放松，所有的紧张、压力都消失不见了，随着你们身体脖子后的肌肉放松而消失了。延伸到你们的脊椎下方，及整个胸部附近的肌肉都放松了，都放松了，紧张、压力都消失不见了，你们的全身已经放松了！你们的手背和双手开始感到非常地沉重，松软地摆在两旁。

从你们的双腿延伸到脚掌也开始感到非常沉重和放松，你们的双腿和脚掌感到非常地沉重和无力，你们的全身正渐渐地往下沉，越沉越深。

全身将感到温暖和放松，在你们下沉的时候，放松吧！越来越放松，让我们放松着倾听自然美妙的声响……"

第三步，引入花园：

"现在想象你们正站在自己美丽的花园里，这是你们自己私人所拥有的最放松、最宁静的园地。

在这里每件物品都沉浸在阳光里。缤纷的色彩与自然之美围绕着你们，许多不同种类的植物和花朵也都沉浸在柔和的阳光下。碧蓝的天空中的太阳洒下柔和的光芒，从一朵花到另一朵花，你们看到许多靓丽的蝴蝶在晴空中飞舞，它们那彩色的翅膀正闪烁在阳光下，而远处的鸟儿也开始高歌，加入自然的合唱中。

空气中充满了由花草树木所散发的自然香气，多么美好……令人放松！你们可以听见小溪潺潺地流过岩石的声音……在你们的花园里一切都是那么地美好、宁静、安详，充满生气和活力，你们觉得好像回到了自然的家一样，你们就像是自然的一部分。

当你们慢慢地沿着青草地走向一条有如水晶一般清澈的小溪流时，看见阳光洒在水面上，闪闪发光。继续想象，你们自己正慢慢安静地走向小溪旁边的一条小路。整个人融入自然中，感到自己很平静与安详，就好像是花园的一部分。在小溪的旁边有一个平静、深沉的池塘，里面充满了清澈的水。"

第四步，健康的隐喻：

"停下脚步看看自己在池中的倒影吧！在你们的心中升起一股暖流，你们的脸上也浮现出微笑。

因为你们已经发现通往健康的路就在你们内心，你们觉悟到只有你们自己才是这条路的管理者；你们也认识到，即使有时候这条路会被生活上一些事阻碍，但你们知道自己可以在任何时候自由地走回这条路，你们可以让自己从不平的情绪中释放出来。

不平的感觉将不再跟随你们，摆脱掉一切的愤怒和罪恶感。再也没有任何外在的力量可以掌控你们，除非你们将控制权交给它。让过去的种种都消失离开吧！不要再让它们为你们的将来蒙上一层阴影。

原谅自己过去的错误吧！你们不可能改变过去，现在你们比较懂事了，原谅自己并让所有负面的思想都离开吧！让它离开你们的心灵，你们可以改变你们的未来，由你们的思想开始。

我们都是自己思想的创造者，改变自己的思想，你们将能改变自己的世界，没有什么是比改变更确定的了。每一件事物都在变化，没有什么是停止不变的。记住，好的会过去，而同样坏的也会过去。

当我们跌落到最低处的时候，只有一条出路，就是向上，向上……只要我们再多忍一下。那种自然的循环、宇宙不止的潮汐将会再次将我们往上带起。你们所期望的状态，那本质早已深深根植在你们的身体里面，就好像果实的本质早已经在种子里面。你们可以拥有每一样东西，现在你们已知道如何去要求了。形成你们的意向然后去要求，每件发生在我们身上的事都是过去种下的结果，所以你要小心地播种。

你们的思想就是你们的种子，它将萌芽、开花，直至结果。从今天改变你们的思想做起，你们将建立属于自己的明日世界。

现在请你们在心中想象着自己的身体正在恢复健康，看到自己成为自己想成为的样子。在你们的心中看到这样的照片：想象什么才是对你们好的。记得你们的思想就像种子，现在明智地播种，它将萌芽、开花和结果。

我要你们总是把自己的心灵想象成一座美丽的花园，如果你们好好地照顾他，他也会好好地照顾你们。"

（播放有关大自然的音乐……）

第五步，带出花园：

（催眠后暗示）

"现在美丽的花园正慢慢地……安静地从你们的心里退去，你们开始将你们的意识带回身体。

但你们知道，在你们心灵深处已经播下一些积极思想的种子，而它们也被传送到了人生经验的储藏室里。

你们的潜意识——生命的花园，在那里，这些积极思想的种子将会萌芽、开花，并在未来的某个时候结果。"

第六步，恢复清醒：

"现在开始慢慢地恢复你们的意识，观察你们的呼吸。注意到在你们休息的时候，你们的呼吸变得多么地平静和缓慢，现在开始有点刻意地去呼吸，让每次的吸气延长一点，加深一点。而当你们呼气时，把感受到的丰富经历散播在你们的全身。

接下来我会从一数到三，当我数到三的时候，请睁开你们的双眼，眨眨你们的眼睛，好适应一下光线。

一，做个深呼吸，让清新的空气带给你们更多的能量。现在我们要开始活动一下，带回身体的感觉，移动一下你们的双臂和手指头，移动一下你们的双腿和脚指头。将你们的头由一边慢慢地转向另一边。

二，再做个深呼吸，现在要开始向上伸展一下身体，高举你们的双手，超过你们的头部，向上伸展、伸展，全身用力地伸展、伸展，伸个懒腰。

三，再次吸满空气，然后开口用力呼出，睁开你们的眼睛，这是新的一天。

慢慢地让自己坐起来，感受那股还留存的平静安详的感觉，他将会一直地留在你们心里。"

5. 幸福家庭催眠引导语

首先，请闭上眼睛，深吸一口气，呼气的时候让自己放松下去。随着自己每一次呼吸，都让自己变得更加地放松。将注意力集中在你们的头皮上，放松你们的头皮，将这种放松的感觉向下传递，放松自己的脸颊，让脸部的肌肉也开始放松下去，放松自己的脖子，让肩膀上面的肌肉也开始松弛。

你们的注意力集中在哪里，就将哪里放松。让你们所有的紧张都彻底地消失掉，继续放松自己的前胸、后背，还有自己腹部的肌肉。让自己的身体感觉越来越舒服，越来越放松，感觉越来越安详，内心也会变得越来越平静。继续放松自己的大腿和小腿，让腿部的肌肉也开始放松下去。

接下来，我会从五倒着数到一，每数一个数字，你们都可以允许自己持续地放松。身体放松的同时，也让自己的精神放松下去，变得越来越平静。五，越来越深，越来越放松；四，更深更深的放松感觉；三，越来越放松，越来越舒适；二，更加更加地平静；一，彻彻底底地放松下去。并且随着自己每一次呼气，都让自己更加地放松，每一次呼气，都允许自己进入到越来越深、越来越放松的感觉当中。

现在我想让你们想象，在脑海当中想象自己拥有一个幸福的家，这个家中充满了光明，充满了温暖，充满了慈爱。无论你们现在的家到底是什么样的，你们都可以想象着自己拥有了一个这样充满了幸福的家，这个家就好像得到了上天的祝福一样，被爱所孕育着。

现在允许让爱充满你们的家，守护你们的家，就好像你们的整个家都沐浴在和谐和平安之中，就好像你们的整个家都完完全全充满了幸福，美好的感觉会一直持续下去。继续在自己的脑海当中想象，想象自己的父母对自己越来越好；想象着自己也非常非常地幸运，因为周围的人和自己的关系变得越来越好。无论之前的关系怎样，从现在开始，都可以允许你们之间产生那种完美的关系，整个家庭感觉非常地幸福、非常地美满。持续地让自己放松下去，并且让自己的内心感觉越来越好，让自己感觉越来越开心。想象着你们家中的每一个房间、每一个空间，甚至是每一个角落都好像充满了慈爱，充满了和谐与平安。

你们要深刻地了解一点：爱能够治疗一切，能够治愈一切，爱能够将所有的黑暗全都清除掉。无论你们之前的家庭环境是怎样的，无论你们的兄弟姐妹是怎样对待你们的，无论你们的父母、孩子是怎样对待你们的，你们都可以允许自己的内心彻底地改变，允许自己的内心完完全全充满爱的感觉。

现在就将注意力集中在自己的内心当中，想象着自己的内心就好像有一个小光球一样，这个光球就是爱的能量。现在想象着在你们每一次吸气的时候，都会让内心当中的这个光球变大，爱的能量变得越来越大。

每一次呼气的时候，你们就将这种爱的感觉，爱的力量向身体周围扩散。它不仅仅可以充满你们的整个身体，还会将你们的整个身体完完全全包围住，甚至能够让周围的人也感受到来自你们内心的爱。

如果你们的家庭当中有一些暴力、有一些争执、有一些争吵、有一些愤怒的话，那么，现在就让所有的这一切都融化在爱之中。一切的争执、一切的怨恨、一切的恐惧、一切的不信任，都允许它们彻彻底底地消失，并且消失得无影无踪。

允许你们的家人都沐浴在爱之中，沐浴在光之中。你现在可以允许自己开始感谢，去表达感谢，感谢自己的父母，感谢你们身边的所有的兄弟姐妹，给自己创造了这样的一个很好的成长环境。

让所有的痛苦都消失在爱之中，允许自己内心当中从今天开始就充满更多的爱，充满更多的和谐。无论其他人怎样对待你们，你们的内心都仍然是充满爱的。

允许你们的内心指引你们从黑暗中走出来，指引着你们一直走在阳光大道上。

现在继续在自己的脑海当中想象，想象着你们的家中现在已经完完全全地变了模样，就好像你们的家中充满了更多的微笑，更多的欢乐。你们家庭中的所有人，都开始能够真心对待对方，以真正的无条件的爱去对待对方，放下你们之间的争执，放下你们之间的怨恨，允许所有一切负能量都完完全全融化在爱之中，不再回来。

持续地想象自己拥有一个非常非常美满的家庭。持续地想象，你们的整个家庭都完完全全地改变了，而这个改变是从你们开始的。允许你们自己发自内心开始改变，允许你们自己从今天开始，就像换了一个人一样，每一天都感觉更加地开心，更加地高兴，因为你们知道你们可以拥有一个美满的家庭，你们可以从今天开始，去创造一个美满的家庭。

现在在你们的内心当中去祝福你们的家人，祝福他们每一天都可以比前一天更加地健康，每一天都可以比前一天更加地快乐，每一天内心当中都可以充满更多的爱，持续地让自己感觉越来越好，让爱源源不断地流入到你们的家中，让爱从此永驻在你们的家里。

接下来，如果你们愿意继续睡下去的话，那么就可以让自己变得越来越平静，让自己感觉越来越好，进入到非常非常深沉、美妙的梦乡之中。如果你们想醒来，就请睁开你们的眼睛，活动一下四肢，在房间里走几分钟，你们会有更深层面的收获与体会。

第三节　得觉催眠在生活中的应用技巧

得觉发现，人在觉醒状态下，会被外界五光十色的环境吸引，很难真正意识到自己内心的想法，追溯到问题的根源。而得觉催眠可以让人们把"我"放下，让

"自"与宇宙自然的能量和智慧连接，与本真的自己邂逅，进一步重新认识自己、发展自己、提升自己。得觉催眠在生活中也有很多应用的技巧。

一、考前消减紧张的技巧

考生考试紧张是常态，尤其对于参加中考和高考的考生来说，更是如此。紧张不完全是坏事，适度的紧张，反而能够帮助考生提高考试成绩，但过度紧张不可取，那如何才能缓解过度紧张的情绪产生呢？

运用得觉催眠理论，我们总结出五招缓解考生紧张的"必杀技"，从考场外，到考试开始，每个步骤均有应对之道。

第一招是把名字倒过来，反复念。这是得觉独有的缓解紧张的方法，非常管用。一般在去考场的路上，出现紧张的时候，只需闭上眼睛，把自己的名字倒过来，加上一句自我确认的话，反复念，比如"格桑，我能行，行能我，桑格。"这时人的大脑会迅速空掉，自我对话立即停止，可以让大脑得到充分的休息。

第二招是清点考试用具，转移注意力。这招适用于刚刚进入考场，拿出每样工具逐一清点，并念出来，让自己听到。这是"我"主动转移"自"的情绪，让肢体动起来。这种方法也可以有效缓解紧张。

第三招是环顾四周，笑他人稳自己。这招是什么意思？就是借他人力量，稳定自己的信心。清点完考试用具，考试还没有开始，要大胆张望：看前面一个人，脚都发抖；左边的女孩，大汗直冒……用这样的观察结果，告诉自己要有信心，还有比自己更紧张的人。即使看不到周围人的紧张，通过身体大幅度张望，脖颈的拉伸，可以有效缓解紧张。因为人在紧张的时候，肌肉通常是僵硬的。

第四招调节呼吸，增加大脑供氧量。其目的在于通过调节自己的呼吸，保证大脑供血足够。记住呼吸口诀是"吸—停—吸—呼"。如果吸满吸足为十分的话，当吸到七分时，停住，然后继续吸气至十分，接着呼出。因为在正常呼吸情况下，人体的血液并没有完全参与循环。这样做的目的是让所有血液参与循环，这样的呼吸运动，一直做到发试卷为止。

第五招是自我催眠，积极暗示自己。拿到试卷，先不要写名字、考号，用自己能听到的声音念七遍："所有人都有做不了的题，我比他们好多了。"平复心情，效果深远。

二、面试前减压的技巧

压力是我们日常生活中能够感知到的负面情绪，也是我们根本没有察觉到的"自"的压抑。得觉自我理论对身体处在压力状态的解读：人在面临压力状态下，"我"一旦没有获得休息，那么人就会找到特定的一个状态，去让自己的"我"想办法休息。这个时候，身体也会出现相应的一些不舒服，比如感到胸闷、气短、睡眠不好、焦虑；看书的时候一行字看不下去；面试前一天晚上梦多了，吃东西咽下去肚子也不舒服。当这样的状况出现，实际上是对于我们的一种提醒，都是让我们缓解一下，让大脑休息。

事实上，很多求职人员对即将到来的面试都存在紧张、焦虑的心理。尤其是对于一些表达能力不太强，或者是害怕在众人面前讲话的同学来讲，面试压力始终困扰着他们。为此，得觉催眠为各位求职者总结了缓解面试压力的"六大方法"。

1）睡前放松

面试前一晚上，在睡前躺在床上，按住自己的右鼻孔，用左鼻孔缓慢地深呼吸三次，然后按住左鼻孔，用右鼻孔深呼吸三次，如此循环直至睡着。这是个很简单的呼吸放松训练，但会带来意想不到的放松效果，非常适合睡前使用。

2）饮食调整

面试前两天要开始避免油腻饮食，调整饮食节律。另外少食多餐也是减少压力的一种方法。因为如果吃得太多的话，我们全身的血液都会只专注胃部的消化，所以尽量在心情不好的时候或者压力大的时候不要让自己吃得太饱。面试当天，吃一些草莓、香蕉、苹果、橘子等，也可以愉悦心情。

3）运动减压

运动是最好的减压方式，因为运动以后大脑就获得休息。前一晚上临睡前，可以做一些慢跑、游泳或肌肉拉伸等运动，让自己微微出点汗，这样有利于睡一个好觉。如果面试等待时有压力了，可以嚼口香糖，或多做几个深呼吸。一种非常有效的方式是原地起跳，以二十一个为一组，可以做三到五组。此外，做一些鸟飞的动作也会改善体内的气体交换，从而调整状态。

4）改变体位

面试等待的时候，可以转转头部、伸伸懒腰、抬抬腿，或者握紧拳头，然后再放松；或者深呼吸三到五次，通过改变自己体态来舒缓压力。站着时让手臂保持放松，自然垂于身体两侧，尽量不要双手抱胸；坐的时候挺直身体后背，抬头直视前方，总之，让自己举手投足之间显得自信大方。

5）听听音乐

听自己最喜欢的音乐，帮助自己冷静下来。不要听忧伤的音乐，也不要听太躁动的音乐，要找些舒缓的或带有大自然声音的音乐；或选择旋律优美的民歌，让内心充满正能量，让自己兴奋起来，确保你在面试前保持良好的心态。你还可以录制自己唱的歌或者自己朗诵的诗词，倾听自己的声音，也会有效缓解压力。

6）自我暗示

面试前，在等候区找一个相对安静的地方，先轻闭双眼，全身放松，做几次均匀而有节奏的深呼吸，反复地自我暗示："我已经准备好了。我的身体正在放松，放松头部、放松颈部、放松双肩……放松全身。"几分钟后，情绪就会平稳。在进入面试房间前，要做体感的反复重复暗示："我一坐下来，头脑就清爽了，心也静下来了！"

三、催眠强化记忆的技巧

得觉发现，人每天所接收的信号，无论是听到的、看到的、感觉到的，都会在大脑中留下一个印记，即使主观上已经无法再回忆起来，但是这种痕迹依然长期存在。运用得觉催眠的方法，就是要启发人们去回忆这些记录在头脑中的信号。当人体处于全身放松、接近睡着的状态时，人脑的学习和接受能力就会变得比平常要大得多。

第一项修炼：睡前回忆。

每天晚上睡觉前，在内心回想一下今天的经历。这个回忆一天细节的修炼，只要认真坚持，连续一个月每天睡前都做一次，可以使人的记忆力大增。

每晚准备睡觉前，或静坐，或静躺，但要确保自己在接下来的时间内保持清醒，不要真的睡着了。保持觉知，放松，深呼吸，感觉你的身体，感觉此时此刻的身心状态。

通常，睡前这样稍微观照一下，你就会自然进入催眠状态。觉得有一种好像飘浮起来，身体变得轻盈或者全身浑然一体的感觉。

这时，就可以快速浏览一下，今天一整天发生了哪些重要的事情，列出一个回忆"清单"，然后，从回忆清单里的最后一条开始回忆具体的细节。

回忆发生了什么事、你在做什么、你的感觉、你的想法……如果与其他人有关，看看他们的表情，感受他们的情绪，想想他们说了哪些话。回忆完毕一个事件之后，假设你一整天的活动就像是一部电影，现在倒回到下一段重要剧情。

你是观众，是播放师，也是电影本身。

每一段重要剧情，你都可以从观众的视角来看，也可以从演员的视角来看，也可以像神一样从上空俯瞰完一段重要剧情。再倒回到更前面的一段重要剧情，很可能你会发现一些当时疏忽的细节，也可能你忽然有了一些好点子，或者你原本不知道如何解决的问题浮现答案了。这都是在回忆一天细节时会获得的额外好处。

如果你这样回忆了十到十五分钟，感觉到困倦了，想睡觉了，这时可以见好就收，让自己自然入睡，不用刻意地把一整天每一段细节都回忆完毕再睡。

这个每天睡前回忆修炼，可以帮助你锻炼大脑。如果你修炼有成，即使要打开底层潜意识的记忆库，调取深层记忆，都会变得容易很多。

第二项修炼：睡前释放负面情绪。

如果你在回忆一天细节时，发现自己有压抑、难过、悲伤、愤怒、自我贬低等负面情绪，你也可以趁机释放负面情绪，排放毒素，别让负面情绪陪你过夜。

负面情绪当天就释放掉，对你的身心健康有好处。具体做法有两种：

其一，感受那些负面情绪，一边回想，一边深呼吸，趁着深深地吐气时，想象负面情绪随着你的吐气就被排出去了。做法很简单，效果很明显。

其二，观照你的负面情绪，同时转动眼球，首先顺时针转动三圈，再逆时针转动，直到负面情绪消失无影了，就停止转动眼球。根据负面情绪的严重程度，轻一点的，可能逆时针转动五六圈就化解了；严重一些的，可能逆时针转动一百零八圈也就能释放掉。这个转眼球释放情绪法，做法简单，却常常能获得神奇的效果。

睡前是一个奇妙的时机，那是日夜交替之际，是心灵系统准备关机重整的时刻，我们会自然进入改变意识状态，是给予潜意识指令的好机会，是修炼的好契机。

四、生活中语言催眠技巧

请你先读一读下面两句话，看看你会被哪句话所吸引。

第一句：她等着车来。

第二句：她穿着红色的连衣裙，围着米黄色的遮阳围巾，一边擦着汗，一边喘着气，在烈日下，独自等着车来。

第一句虽然也有两个能形成画面的元素：她和车。但是，我们更容易被第二句话吸引。因为我们不仅"看"到了女孩的形象，还"听"到了她喘气的声音，更感受到了她的热。

一般来说，习惯使用视觉接收信息的人，更容易接收描写颜色、形状的词语；习惯用听觉接收信息的人，更喜欢描写声音的语言；习惯用感觉接收信息的人，容易被感受描写吸引。所以，在催眠引导时，好的催眠师往往同时会选用包含视觉、听觉、感觉的语言。这样做的原因有二：一是使引导的层次更加丰富，增强催眠语的适应性；二是重复刺激，使催眠更有效。

同样地，在日常沟通中，我们也可以如法炮制，让不同的人都可以"听"得容易，"记"得清楚，"觉"得舒服。具体有三个步骤：

首先，在谈话中多使用具体的名词——比如木屋、石头、黑板……这些具体的东西我们都见过，所以很容易在脑海里形成画面。而使用一些过于专业和抽象的词，比如对从不炒股的人说"K线图"，对没学过电子电路的人说"二极管"，这都不太容易让对方有画面。

其次，适当增加形容词——比如老泪纵横、可怜巴巴、猛烈……这些词用在句子里，既有画面感，又可以唤起对方的感受。

第三，语言要简洁——比如，我们前面的例子"她穿着红色的连衣裙，围着米黄色的遮阳围巾，一边擦着汗，一边喘着气，在烈日下，独自等着车来"很准确地描述了一个场景，没有多余的语言，听者会觉得画面干净、清晰。

画面能引领与改变我们的行为，许多企业就在用这一"秘籍"，制造特殊的画面催眠员工。换句通俗的话，管理者会让员工目睹成功的画面，然后使员工热血沸腾："好好干，我也可以获得那样的成功！"

笔者曾参观过一个企业，给我印象最深的是他们员工的凝聚力。在跟员工们聊天的时候，可以明显地感觉到他们对自己的职业规划有明确的方向。比如一个基层员工，他很明白自己几年以后可以参加什么样的内部竞聘，然后成为月薪多少、每年有几天假期的中层。之后再过几年，他如果有一些成就，就可以参与高层管理者的竞聘。

有清晰的目标和职业规划不稀奇，稀奇的是这家企业的很多员工都是这样。这足以证明这家企业在员工的激励上做得相当到位。换句话说，他们很擅长催眠自己的员工。

得觉催眠的方法其实不难，就是给他们画面，而且是十分具体的画面。比如每年选出几位优秀员工，这是最常见的企业激励法，但效果对于多数企业来说很有限。这家公司也有企业激励法，可他们做得就非常精彩：

首先是给获奖的员工举办庆功会，庆功会上不仅总裁亲自给员工颁奖，还会邀请专业艺人来表演。最经典的是，在庆功会上，总裁或者副总裁会亲自开着公司最好的车去接他们，并在到达会场时为他们开道。这是我认为公司做得最棒的一点——为优秀员工召开庆功会，有公司最高层给他们足够的尊重，这就以非常直观的方式给了其他员工一种被全公司敬仰的画面。

除了庆功会外，优秀员工的生活和工作还会被制作成电影短片播放给所有员工看。优秀员工是电影的主角，他们的成功之路也会给别人最明确具体的指点。更重要的是，该员工很快会晋级，他的待遇也会被透明地公示在企业内部。大家可以清楚地看到他是如何从一个上班要打车、租住公寓的普通员工晋级成为拥有公司配车、公司提供大房子的中管乃至高管的完美晋级过程。

这样的嘉奖，不仅让获奖者激动，更是让旁人心生羡慕。公司做的这些，其实是在给旁人一个画面：只要努力，这就是你们的未来。也正是这个原因，每个领域才会细化出这么多等级，目的是让下面的人看到，上级可以做和能拥有的，是他们未来可以得到的一切，于是有了可视化的目标。想一想，在生活中还有哪些地方可以用到这招，试一试吧。

五、得觉催眠猫式休息法

说起休息，每个人的方式不尽相同，"白天困成狗，晚上嗨不够"成为了当下很多人的常态。得觉催眠理论发现，生命就在一呼一吸之间，吸为入、为静、为无、为阴，呼为出、为动、为有、为阳。得觉理论把吸气以后到呼气之间的停顿叫"休"，人这个时候是一种木僵的状态；把呼气到下一次吸气之间叫"息"。通常情况下人的"息"很短，如果把"息"延长，我们就可以有全新的感觉；如果把"休"延长，我们会发现气血通到全身，有内脏气血相通的感觉。

练习呼吸的初学者，可以顺着一吸一停、一呼一停的感觉，在"休"——"息"中间停顿。换句话说，更多的人会注意吸和呼，但得觉催眠技巧就让你注意"休"和"息"。当你的注意力放在"休"和"息"的时候，你会发现，一个是停顿以后的紧张，一个是停顿以后的放松。紧一松一紧一松的感觉，可以让人进入一种微妙的、奇妙的状态，你去体会方能感觉这种状态。

下面再介绍一套得觉催眠的猫式休息法。这个休息法可以迅速地让身体恢复精气神、恢复生命力，以及恢复体力。

可以用坐姿，当然也可以用站姿。坐着的时候，臀部后面一定要垫个垫子，把自己的臀部抬起来。尽量地让会阴部分露出来，这样会阴部分空掉，在吸气的时候是需要轻轻地收会阴的。

然后将左手食指和大拇指扣在一起，其他手指分开，右手掐在中间，右手大拇指点着左手无名指根部，记住是左手无名指根部。手自然地放在小腹处，也就是人们说的丹田位置。面带微笑，眼睛虚视前方，下颌微微收，吸气的时候要慢，轻轻地吸气。这时候轻轻地收会阴，停三到五秒钟，吐气，吐完气以后，也停三到五秒钟，吸气，不要太用力，吐气。如果你做对了，背后的大椎（也就是中脉）会有跳动感，有些人小腹深处马上会发烫，有暖暖的感觉，停三秒到五秒钟，吐气，可以用鼻子吐，也可以用嘴巴吐气，吐完以后停三到五秒钟。

再来一次，吸气，吐气。眼睛一直平视着前方，但不要太用力。三遍完了以后，马上吸气的时候说"我"，说完以后在大脑中回放三遍；吐气的时候说"困"，然后在大脑中回放三遍。连续说三遍："我"——"困"，这时候身体会迅速地放松下来，说"我"不好说，说"困"的时候就会全身突然放松。记住不是懒掉，而只是放松，是整体放松下来。

再重复一次："我"（说"我"的时候全身是紧张的，它自然紧张）——"困"。记住说完"困"以后大脑中一定要回放三遍。你可以清晰地听到自己的声音在大脑中回放。再来，"我"—"困"这时候你彻底地放松，让自己就这样待着，一直待着——五分钟、十分钟、十五分钟、二十分钟、三十分钟都可以，就看你有多少时间。你会全然地在这样的感觉里。

如果十分钟结束，你就可以把手错开，搓手，开始收功，轻轻地从下往上抚摸脸。因为我们在坐的时候气血都到腹腔里，要让气血回到我们的四肢和臀部。梳三遍头。再搓手，梳头，可以擦一下脖子，让气血回来。再搓手，擦背。然后可以把下肢放下来，拍一下，再把这个下肢放下来，拍一下。

可以的话再站起来，使劲地伸个懒腰，像猫一样，深吸气，憋一会再吐气，你会发现你精神百倍，充满活力。

得觉催眠发现，现代流行的各种养生方法，如练瑜伽、打太极、冥想以及单纯的自我催眠，第一步都必须调整呼吸。因为呼吸是我们主动调节内脏功能的唯一桥梁，心跳、肠蠕动以及盆腔器官都是我们没办法直接控制的，但可以通过呼吸快慢、深浅的改变间接地改变心、脑、肾、肠的功能，达到养生的目的。因此这也是古往今来人们为什么用呼吸来调息养生的原因。

当然，我们在工作、忙碌的间隙也可以通过呼吸随时调整自己的身心状态。呼吸训练的方式主要有两种：顺式腹腔呼吸法和逆式胸腔呼吸法。

顺式腹腔呼吸法，吸气时将气吸到腹部，腹部微微鼓起，胸部向内收缩，轻轻静止几秒钟，然后吐气。吐气时腹部慢慢收回凹陷，胸部放松。这种呼吸的目的在于获得心情的平静，练习时闭上眼睛，想象放松的画面，使呼吸缓慢、均匀。

逆式胸腔呼吸法，吸气时将气吸满胸腔，腹部收紧，将胸腔的气下沉至下丹田，略微静止顺势吐气；吐气时胸部收回，腹部放松。这种呼吸方式可以在短时间内补充身体能量，让人有焕然一新的感觉，练习时以流畅自然、舒适为主。

不管你喜欢用哪一种方式，吸气和吐气的过程都非常重要。不妨感受一下：吸气，想象一缕干净、清新的空气慢慢流过自己的鼻腔、胸腔，把氧气带给自己的每个细胞；吐气，想象身体细胞内产生的所有不好的东西汇聚起来，随着气流排出……

像这样，当我们尝试着注意自己的呼吸时，是不是仿佛感到意识收回了警惕的目光开始关注内心的感受？是不是感到紧绷的身体逐渐放松，有说不出来的舒服感？是不是觉得已经可以不去在乎办公室里空气的质量了？

此时，你的呼吸不再只是个生理过程，而变成了一次身体能量更新的过程。呼吸加想象的最大好处就在于你完全能够摆脱现实的局限，在有限的空间内享受无限的愉悦。

六、解密催眠人桥

催眠中的人桥，是指让一个人完全躺平，经过催眠后他的全身进入了僵直状态，就像一块坚硬的钢板一样，所以即使上面有一个人也能够承受。

笔者每次和学生或友人聊到对催眠的印象时，大家印象最深刻的就是人桥了。的确，在现实生活中，尤其是一些催眠课宣传中，几乎都有提到催眠人桥这一式。这招确实是非常具有视觉感官的震撼性，让人们快速相信催眠的存在。

但是，学习得觉催眠的人必须清楚：人桥不是催眠，是表演。作为催眠师，笔者也做过催眠表演，包括人桥的表演。因为催眠师有时也要有吸引眼球的娱乐精神，但我们绝不是为了证明催眠的存在。因为不用催眠，人一样也可以成为"钢板"，让一个人踩在上面。

人桥的原理其实很简单，当人体的伸展肌群和收缩肌群同时工作时，人体就进入"强直"状态，这时的人体一点都弯不了。在神经内科的病房里经常可以看到脑炎患者会有这种强直状态发生，有些癔病发作的人也会有此表现。所以当人主动将伸展肌群和收缩肌群同时绷紧时，就会制造出"强直反应"的效果，这就是所谓的"人桥钢板"。

现代医学研究表明，人在关键时刻，会发挥出非常大的力量。平时根本拿不起来的重物，到了紧急关头也能够轻松拿起来。在日常生活中，使用这么大的肌肉力量有可能造成肌肉损伤，因此人会无意识地不过分使用肌肉力量。

因此，催眠人成"人桥钢板"和催眠无关，这是人体的本能，不用催眠一样可以达到。

第五章

得觉催眠师的基本素养

催眠师是催眠活动的主导者。催眠能否成功，能否产生良好的催眠效果，主要取决于催眠师的素质和催眠技术的运用。不是谁都能成为催眠师，要想成为一名合格的催眠师，除了应具备良好的心理素质和道德品质外，还必须有精湛的专业知识和高超的职业技能。

第一节　得觉催眠师的基本条件

得觉催眠师是一种职业，主要从事心理治疗和促进身心成长的工作。做一名合格的得觉催眠师，需要具备一些必要的基本条件。这既是对催眠师进行考核的要求，也是催眠师实行得觉催眠工作的必要基础。

一、良好的知识储备

俗话说："活到老、学到老。"任何人，不管处于什么行业，不管处于什么岗位，都要始终保持学习的习惯，唯有不断学习，才能不断获得新知识，才能不断在自己的工作中取得更大成绩。要成为一名合格的催眠师，不仅要有比较扎实的催眠理论和技术功底，还要具备教育学、社会学、心理学、生理学以及基础医学的专业知识，更要吸收融合中华优秀传统文化和社会主义先进文化，树立正确的历史观、国家观、文化观。

要成为一名合格的得觉催眠师，要有娴熟的语言表达、敏锐的观察以及准确的思维判断并能快速做出应对等多项能力；还要树立终身学习的理念，把学习变成一种习惯，融入生活、融入工作，不断积累丰富自己的人生阅历，让自己变得越来通透，越来越豁达。只有从多方面发展自己的知识结构，全面提升自己，才能更好地为被催眠者服务。

二、过硬的心理素质

有一位催眠专家曾这样说过："一次催眠的成功，在一定程度上看，就是催眠师的意志战胜了受催眠者的意志，催眠师的心理战胜了受催眠者的心理，最终建立了良好的信任关系，实现了心与心的沟通。"不言而喻，想要战胜他人的意志和心理，自己就必须有良好的心理素质，有很强的自信心和耐心。如果催眠师自身都还犹豫、恍惚、信心不足，那么战胜别人的意志和心理就只能是一句空话。

要成为一名合格的得觉催眠师，更应当具有比常人更加良好的心理素质。提到心理素质，人们会首先想到的是非智力因素，包括人的动机、需要、兴趣、爱好、信念、理想，以及世界观、人生观、价值观，还有气质和性格等。其实心理素质还包括智力和能力因素，主要包括思维能力和方式、创造力、自我认知与接纳能力、心理承受能力等。稳定的个性心理、坚定的理想信念追求、积极乐观的人生态度、良好的思维能力、良好的情绪管理能力和较强的心理平衡能力等，都是过硬心理素质的主要修炼内容。

要成为一名合格的得觉催眠师，个人身心健康是非常重要的。身体健康自不必说，没有健康，催眠师自顾不暇，难以专注地面对被催眠者。心理健康就更为重要。将对方导入催眠状态后，催眠师是与对方的"自"进行直接对接。催眠师的心理如果有问题，会容易将自己的问题当成对方的问题，将自己的问题投射到对方身上，产生误导，后果是相当严重的。实践证明，催眠师过硬的心理素质，可以对被催眠者产生正面、积极的暗示影响，使其更好地配合治疗，从而达到最佳的催眠状态。

三、高尚的道德品质

优秀的道德品质是一个人事业成功的重要条件。催眠所遵循的基本模式兼具教育和医疗的性质，因此催眠师应兼有师德和医德两方面的品格。既要有"学高为师，身正为范"的思想，也要有"大医仁爱，济世人间"的情怀。作为一名合格的得觉催眠师，既要热爱催眠心理治疗事业，有助人为乐的高尚品格，又要找准自身角色定位，在职业规范中善做事、做善事；要有较强的同理心，尊重他们的人格和意愿，完全接纳被催眠者的真实体验，不能把自己的想法和观念强加给被催眠者。催眠师需要明白的是，你并不比对方更聪明、更富有智慧，对方的转变也是从自身的学习和能力的提升中获得的，而不是从催眠师的教导中得来的。所以，催眠师需要用高尚的道德品质和人格魅力赢得被催眠者的信任，帮助他认识自己的不足，而不是把自己的观点灌输给他。

要成为一名合格的得觉催眠师，更需要有良好的道德修养。要主动顺应宇宙自然和人类社会发展规律，有大格局、大视野、大胸怀。要以强烈的社会责任感和满腔的热情对待被催眠者，要坚持以辩证唯物主义和历史唯物主义的世界观和方法论为思想指导，坚决抵制一切违背科学的迷信思想的侵蚀。得觉催眠是一门科学，也是一种修心的方法。得觉催眠师既要仁爱谦虚，又要自律自觉。催眠作为一门技能，可以随时随地对他人实施影响，如果催眠师的品行出了问题，结果就会损人害己，让人们对催眠产生更多误解。在世界催眠发展历史上，曾出现过不止一例催眠师失德的案例。尤其是随着催眠技能的日益娴熟，越来越强的能力很容易让催眠师产生自我膨胀，这时候他们就更需要良好的道德修养和超强的定力。

四、精湛的催眠技术

要成为一名合格的得觉催眠师，不仅要熟练地掌握各种催眠理论和技术，更要精通得觉自我理论的深刻内涵；要能准确地洞悉被催眠者的心理世界，对催眠的全过程和催眠状态的典型特征了然于心，娴熟地运用催眠暗示指导语，掌握各种心理疾病的治疗方法和应对策略；要善于向书本学，向前辈和同行学，向被催眠者学，善于在实践中学；要善于在咨询实践中总结经验，学习和发展前人的理论，逐步形成自己的催眠风格。

四川大学得觉文化发展研究中心对得觉催眠师的培养，有一套比较完备的教育培训体系。其中得觉催眠师基本功训练，主要包括四种方法：一是目力集中法。训练目的是让催眠师通过眼光集中达到精神集中，再达到目光威严，便于快速将来访者导入催眠状态。二是丹田充实法。训练目的是提高催眠师在人际中的影响力。在中医经脉理论中，丹田也叫作气海穴，是人体之"气"的集中之处，丹田充实时身体周围会有很强的场，即我们所说的影响力。三是心手合一法。训练目的是将身体的能量集中于手指尖，以便于在催眠的过程中利用手诀对被催眠者进行催眠。四是发声催眠法。训练的目的是利用声音将被催眠者导入催眠状态，是藏宗密语催眠技巧使用的基础。

在美国、英国等一些催眠学比较先进的国家，其催眠协会都会要求催眠师必须接受专业且正规的训练后，才能考取行业资格证。因为，催眠治疗过程是一个比较复杂、特殊的治疗过程，这种医患关系是一个双向的心理互动过程，而意识活动是治病的载体或介质。换句话说，躯体疾病是靠药物或手术等来治疗，不受患者主观意志的影响和支配，而催眠过程始终都有患者的意识参与，是一个复杂的、主观性很强的动态过程。这就要求催眠师必须具有高超的技能，熟练掌握催眠技术和掌控催眠治疗的全过程。

此外，催眠作为一门技能，是有自己的工作边界的。一般说来，正常人都可以接受催眠，但对于一些特殊人群，如精神分裂症患者、抑郁症患者等来说，就需要注意根据对方的情况，慎用，甚至严禁使用催眠。这方面，法律已经进行了清晰地界定。催眠师在具有专业娴熟的技术的同时，也需要具备必要的法律素养，才能正确评估自己的行为。

第二节　得觉催眠师的个人成长

从古至今，凡在一个领域有所成就之人，都能沉得住气，耐得住寂寞，静得下心，坚定目标，日日精进。学习得觉催眠也是一样，非经历一番寒彻骨，哪有梅花香自来？电影《一代宗师》里的宫二说了一句比较经典的台词："见自己、见天地、见众生。"这句话描述的是习武之人的三重境界，将之应用在得觉催眠师个人成长之路上也未尝不是如此。

一、在自我理论中"见自己"

有人说，学习得觉催眠很容易，学会得觉催眠比较难，深解其奥妙并能灵活运用，就更是难上加难。唯一的路径就是要练，反复练习，熟能生巧，最后才会心领神会，运用自如。其实"难"或"易"只是一个概念而已，把自己只当作一个学生，把得觉催眠只当作知识，即使寒窗苦读多年，勤学苦练累月，体会到的也只是学海无涯，"苦"作舟；而把自己当作一个觉悟人，把得觉催眠当作自我修行的指南，将自己融进去，从了知自己开始，去了知生命真相，自然体会的是学海无涯，"巧"作舟。你在哪里？你是谁？你为什么要学习得觉催眠？是为自己，为家人，还是为众生？答案不同，自然结果也就不一样。得觉催眠师"见自己"，就是要对自己有觉察，有自知之明，能全面认识自己，能自我接纳，懂得自省。

自我理论是得觉理论的核心，也是得觉催眠的理论基础，它主要回答的是"我是谁"。成为一名得觉催眠师，首先要从学习自我理论开始，不仅要掌握自我理论的内涵，熟知什么是"自"、什么是"我"、什么是"自我对话"，而且要对自我理论的应用和外延有更深刻的理解，要学会解读"自""我"之间的互动关系，并在生活中能自如运用自我理论，用它去解读生活中的人和事。比如：能清楚地知道自己的优势和劣势、梦想与目标、标签和面具、角色和价值观、能力和习惯，也能随时觉察自我对话，能运用好自我理论解读自信、自卑、自尊、自律、自觉，对自己的心理问题和原生家庭有比较清醒的认知。进而能清晰地分辨出周围的同事和朋友是处在"我"里，还是"自"里，知道对方"自"或"我"的开关在哪里、死穴在哪里、不平衡点在哪里、自我的对话模式是怎样的。在生活中运用得越多，对自我理论就吃得越透，催眠师识己读人的能力就越强，专注力也会大大提升，在催眠实践中就会更加得心应手。

古人云："人贵有自知之明。"得觉催眠发现，在催眠的过程中，被催眠者通过催眠师这面镜子照见了自己，同样催眠师通过被催眠者这面镜子也照见了自己。人性深层的东西，在催眠过程中碰了出来。催眠师们面对这些情况，有的惊慌失措，有的逃离回避，其实，这是我们催眠师与被催眠者共同实现心灵成长的好机会。我们每个人都是一盏灯，在出厂时或旅程中多多少少都有坏掉的部分，我们只有认出自己，修通自己，才能最终点亮自己。此后，灯才能化为光明，照出别人的位置，温暖在黑暗中前行的人。"见自己"就是自我认知、自我接纳的过程。"见自己"之后，才能真正地做自己。得觉催眠师在刚起步阶段，不一定要天天想着如何助人，这一阶段自助也是非常重要并且有意义的事情。当你帮助自己有了"自我"之后，自身的禀赋才能更好地发挥出来，才能更有能力承担起更多的助人责任。

二、在催眠实践中"见天地"

如果说"见自己"是向内的追溯，"见天地"则是向外的探索。一个人如果只懂得见自己，便会陷入以自我为中心的误区当中，光看到自己而看不到其他的东西，便会作茧自缚，最终难免会害了自己。从"见自己"到"见天地"，是往上攀登的过程，是要把自己的小我境界提升到天地的大我境界中去。得觉催眠师"见天地"，就是要勇于走出自己的舒适区，在催眠实践中长见识增才干，开辟一片新天地。"见天地"不仅是见山水风物，见各类被催眠者，更要见文化传承，见各类催眠高手，博学多识，集百家之长，创自我风格。

每一位得觉催眠师从自己走向更加广阔的天地，也许是一次培训、一次旅行，又或者是看一本书、做一件事、见一位催眠界的高人，这种相遇是偶然，更是必然。

纵观催眠师的成长之路，绝大多数都在学习技术的层面上苦苦用功，以为学了催眠技术，掌握了催眠技术，就可以成为一名优秀催眠师。但在实际工作中，这些催眠师会发现自身对催眠的理解和应用还浮在表面，没有真正做到学懂弄通，常停留在为了催眠而催眠的阶段，把主要精力放在催眠的操作步骤和引导语上，对自身和被催眠者的深层心理问题触及不多、探索不够，催眠过程大多停留在"我"的层面，催眠效果也不够理想。实践证明，没有扎实理论基础和丰富实践经验的催眠师，如同只会光脚跑步的运动员，跑得再快，终究会败给那些骑车或驾车的运动员。得觉四大基础理论，就是得觉催眠师四轮驱动的"车"，只要多加用心学习，就能指导实践，轻松驾驭催眠。

得觉四大基础理论是辩证统一论，是阴阳平衡论，更是人生智慧。在没有学习得觉理论以前，我们经常会被被催眠者的情绪垃圾、负面信息带着走。我们心中一直坚守着二元对立论，一直在分辨好坏善恶，一直把心理问题当作这个人的全部，一直针对问题找对策找方法，没有树立"全人"整体观念，自然也就不会懂人、识人，谈何能救人、助人。

当有了得觉思维以后，我们在倾听来访者的烦恼时，就会发现那些所谓的情绪垃圾、负面信息，正是他们的切身经历，里面同样包含着属于他们的力量与资源。得觉催眠师要做的工作，就是唤醒他们内在的资源与力量。当我们能从一个个问题中抽离出来，见到了"人"，也就开启了得觉催眠之路。在路上，我们能持续见到一个又一个的"人"，最终就能见到"天地"。

得觉催眠的效果不取决于催眠师掌握了几个催眠技巧，熟读了几个常用句型，而在于催眠师能否迅速与被催眠者建立信任关系，开启一段生命探索的实践旅程。在得觉催眠的过程中，经过催眠师的引导，被催眠者的"我"很快放下，咨询师"自"与被催眠者"自"连接起来，一切都自然地发生。在催眠状态下，引导被催眠者找到内心的开关和动力点，用重复积极的暗示语，唤醒得觉的力量。得觉催眠有一套规范程序和具体操作步骤灵活的技术，因为它是生命催眠、成长催眠，所以它也是灵活的、灵动的、当下的。虽然我们也会教大家一些基本的催眠句式，但那只是给初学者的一个门框，引人入门而已。得觉催眠进入的深度、效果的持久度，在很大程度上取决于催眠师对被催眠者的状态的准确把握，以及催眠师修心的层阶与当下的状态。

三、在得道觉行中"见众生"

得觉理论认为，人的生命有三条路，分别是躯体之路、精神之路和"道"。躯体是生命的载体，像一条线段起于出生而终于死亡。精神聚集着躯体存在的能量，同样起于出生，却如一条射线一样可以到达无穷。"道"存在于躯体、精神两条路之上。"道"从汉字字形可以解释为"头所走的方向"。从心理学角度，可以理解为影响生命发展的无意识习惯和思维模式；而"见众生"就是进入"道"的境界，要用人格力量、道德精神去感染别人。如果把生命的过程当作是一种修行的话，在"见自己"和"见天地"之后，再去"见众生"就是一种觉悟。得觉催眠师"见众生"，就是要提升自己的修为，要有定力，从容坦荡地面对众生，以众人心为我心，以众人见为我见，两者合二为一。正如老子曾说过的一句话："圣人无常心，以百姓心为心。"

自我理论不仅仅是催眠师操作的工具，更是指导催眠师修行的指南。再高明的催眠技术，也依赖于人的操作。催眠效果的高低，取决于催眠师自我修行水平的高低。得觉催眠最大的智慧，在"定"，在于以无我之境，行有为之道。催眠师越定得住，收到的信息越多越准，对被催眠者的引导和把握越契合。运用得觉理论修炼自己，催眠师面对被催眠者时自己就不会慌乱，心是定的，不会掉在"我"里，也不掉在"自"里，而是可以自如地行走于"自"和"我"之间，"自"与"我"越来越和谐，越来越平衡，慢慢地会产生一种状态，我们把它称之为"觉"。当催眠师处于这种"觉"的状态时，其催眠的功力又上了一个大台阶，常常会有神来之笔，与被催眠者及周边人的互动都是自然流动，能化解问题于无形之中。进入这种"觉"的状态后，不仅做催眠的人是享受其间的，对看的人而言也是一种莫大的享受。

得觉是现代心学，自我理论是解读"心"的学问。经常研习自我理论，你就会找到修心的方法和技巧，你的直觉能力和悟性就会大大提升。用自我理论解读心，非常容易理解。"自"与"我"一动，心就有了。有心之人，才会开心，才会用心，更会专心。想一想，自己的心在哪里？经常被什么人、什么事所挂碍。事实上，天下的事分三种：老天的事、别人的事和我的事。明天下不下雨是老天的事，别人高不高兴是别人的事，而自己开不开心却是自己的事。当我们学习得觉催眠，随着身体的放松，就可以让"心门"自动打开，这是开心的第一层意思。我们可以快速进入"无我"状态，让身心放松下来，才能体会与天地万物融为一体，达到无拘无束、自由自在的境界，这时人的视野和格局也会放大。开心的第二层意思是心情舒畅，是人由内而外流露出的喜悦、欢笑、幸福和慈悲。得觉催眠发现，任何不开心，都有一种心念可以让自己更开心，也就是开心快乐就在一念之间。得觉自我理论就有很多止念、转念和升级念的办法。

得觉理论认为，洞悉宇宙、人生的真相，就是开悟，开悟才能"见天地""见众生"。一个人在开悟前需要不断地为人生做减法，减去执着已久的人，减去纠结不断的事，减去当下的烦恼，才能发现并没有什么是生活的必需，只有不断放下，才能彻底地开悟。所有的道理如不是自己悟出来的，谁告诉你都没用。

人在觉悟前是"我在活着"，觉悟后是"我看着我在活着"；觉悟前是当局者迷，觉悟后是旁观者清；觉悟前是为成功而拼命，觉悟后是"以无事取天下"；觉悟前是以局部看局部、以现象看现象，觉悟后是以整体看局部、以本质看现象。我们经常讲顺宇宙自然之道，因时而动，顺势而为，但顺势的前提，是看见势。当我们被一叶遮目，眼里只有自我的时候，哪里还注意得到天地和众生的大势在哪里。看见势的前提是"无我"，是放下"我执"。得觉理论认为，放下"我执"也是"我执"。其实，相由心生，我相即是众生相，见我也就是见众生。"见众生"是催眠师的最高境界，你的"存在"（心相）即是一种治疗。

总之，得觉催眠师自我成长的目标，就是要心怀众生，努力成为有精神高度、思想深度和阅历丰富的人，最终做到可以在躯体之路、精神之路和道之间任意穿行。可以在人世间各个层阶停留，又不拘泥于某个具体的层阶。可以读懂各个精神层阶、各个社会阶层的人，并且引领他们走向他们生命该去的地方。这样的人。

第三节　得觉催眠师的德性训练

学习得觉自我理论之后，我们知道"道"和"德"本义都是指宇宙自然规律。德在"自"里，德是个体的内在品质，是道在人类社会的显现。德具有一定的隐蔽性、复杂性和动态性。因此，得觉催眠师的德性训练，是不太好表述的，也是比较难以具体量化与考核的。

中国的传统文化非常重视立德修身。教师有师德，医生有医德，咨询师和催眠师有职业道德。因此，在得觉催眠师德性修炼上，我们提倡要明大德、守公德、严私德。

一、得觉催眠师要明大德

何为明大德？大德就是个体对于国家、民族的情感，是"苟利国家生死以，岂因祸福避趋之"，是"位卑未敢忘忧国"，是将中华民族伟大复兴当作个人信仰，并愿意为其奋斗和奉献。具体来说，明大德就是时刻以国家和集体利益为重，既明晰宇宙之道，又了解自然法则，还能顺应人类社会发展和个人成长之规律，更能兼具家国情怀和社会责任感，愿意发自内心地献出自己智慧和力量，造福更多人。

得觉理论认为，我们每个人如器，形状如葫芦，有上下两个肚子，一个大，一个小。说明我们每个人既有大器的部分，也有小器的部分。大器的部分是习惯区，小器的部分是舒适区，你的习惯区与舒适区决定了你的格局。所谓大格局，即以大胸怀、大视角切入人生，力求站得更高、看得更远、做得更大。

自古以来，凡成大事者，必有大格局。得觉理论把人的生命分成六个层次。

第一层次：小小我——关心自己。看点只在自己身上，忽略身边人的感受。情绪波动很大，很容易为了利益和得到他人认可被催眠。

第二层次：小我——关心家人。在乎家庭，所做的一切的出发点和目的都是为了家。总是从家的角度去看待和评判任何事情，不在乎自己。

第三个层次：自我——关心集体。把自己放在团队里，在乎团队的得失、成败，在乎自己在团队中的位置和角色。

第四个层次：我们——关心国家。更多地关心国家的事，喜欢政治，能为国家荣誉、国家进步、国家强盛付出自己的努力并从中获得快乐。

第五个层次：大我——关心人类。关注人类，关注人类发展，喜欢做公益事业。

第六个层次：真我——关心自然。关注自然，关注生态，关注地球，关注人类的生态生活，喜欢做环保事业，不喜欢政治，可能是隐士，能和自然界独处。

得觉催眠师既可以用这生命层次理论修炼自己，也可以用它判断一个人的生命层级。在实际应用中，除了看上述六个层次所说的特征外，还要看他聊天的内容涉及哪方面，经常用"我"还是用"我们"等关键词，更要看对方在哪个点容易产生情绪。产生情绪的点，多半是能量集中的点，也是被催眠者需要成长或放大格局的点。

《易经》云："天地之大德曰生。"又云："生生之谓易。"天地之大德、大道是利于万物之和谐共生。由此可见，为人民谋幸福、为民族谋复兴、为世界谋大同，就是大德、大道。因此，对得觉催眠师来说，明大德有两层含义：一是要具有得觉人的大格局，主动顺应宇宙自然之规律，立志早日得道觉行、造福全人类；二是要精通得觉自我理论，知道"我是谁"，了知生命的意义和自己的人生使命，愿意用专业和修为，服务众生。

二、得觉催眠师要守公德

何为守公德？公德就是公众之德、公权之德和工作之德，是要求大家共同遵守的行为规则、共同维护的稳定秩序和公序良俗。公德是社会关系的基石，是人际和谐的基础。中华民族传统美德的核心价值理念和基本要求，带动了整个社会道德体系的发展和社会道德水平的提升。在新时代，我们应该大力弘扬社会公德。守护公德，没有人可以置身事外。

老子把人的道德分为上德和下德两个层次。上德的人，向来不自恃有德，不故意做作，所以实际他才是有德之人；下德的人总是害怕失去德，念念不忘德，总是故意为之，所以他还是没有达到德的境界。得觉理论认为，催眠师的德性修养是从"自"开始的，有德性的得觉催眠师不仅有观念、概念上的认知，有是非道德的判断，更有内心鲜活的感觉和体验。无须刻意压制，只需一个觉察，就放下了、定住了。如果修炼很深，进入"觉"的状态，德性的修养就是催眠师内在的一种状态，与催眠师是一体的，而不是强加的、附着的。这既与老子的上德不谋而合，也与得觉倡导的"当下觉悟，助人自助"理念相契合。

作为一名得觉催眠师，守公德就是要带头恪守社会公德、职业道德，自觉抵御不良思想观念和生活方式的侵蚀，培养健康向上的生活情趣，保持高尚的精神情操。守公德，既要立意高远，又要立足平实。幸福要靠奋斗，德行同样要靠实践。得觉视角的心定住，是相信每个人都具有一颗公德心，确认有此心，直接做就好了。如此，我们就可以跳出常人趋乐避苦的模式，能够体会乐的次第，也能够体会苦的次第，即使遇到坎坷，也能顺事、顺时、顺变，可以活得精彩。

作为一名得觉催眠师，守公德就是要始终站稳人民立场，以助人为乐。"全心全意为人民服务"是我们党的根本宗旨，也是我们得觉催眠工作者应该传承的职业道德和职业操守。"全心全意"的内涵要求我们催眠师要发自内心深处地、自觉地、无功利性地毫不利己、专门利人。只有坚持以服务对象为中心，把"全心全意为来访者服务"做到位，给予被催眠者潜移默化的影响和陪伴，帮助其有效化解内心深层次问题，我们才能在这个行业站稳脚，才能把催眠的事业做得更大更好。

三、得觉催眠师要严私德

何为严私德？私德常指个人修养、行为习惯以及个人处理爱情、婚姻、家庭问题、邻里关系的道德规范。私德是个人操守底线，是个人行为基础。严私德，就是要严格约束自己的操守和行为，戒贪止欲、克己奉公；就是要修身齐家，培育良好的个人品德和家庭美德，不断强化自身的道德修养。

在个人品德提升上，中国人非常重视修心，儒释道三家和得觉理论的共同点都是向内求。得觉要求催眠师要能定心，只有定心才能看透一切。催眠是人的一种特殊的状态，当催眠师将对方导入这样的状态时，内心很容易因看到被催眠者进入状态而产生自我膨胀，感觉自己很有力、无所不能。如果催眠师内心修炼不过关，内心的各种欲望很容易被被催眠者的状态勾起来，不能快速稳稳地定下心来，这对被催眠者的治疗或帮助，以及对催眠师的自我成长或发展，都有负面影响。

作为一名得觉催眠师，严私德就是要带头培育良好家风，要弘扬孝文化。俗话说"百善孝为先"，在众多的美德中，孝是最基本、最需要优先培养的德。《孝经》开宗明义："夫孝，德之本也，教之所由生也。"孟子甚至认为"尧舜之道，孝悌而已矣""老吾老以及人之老，幼吾幼以及人之幼"，进而实现修身、齐家、治国、平天下，这是中国传统文化的独特智慧，也是得觉要求每一个催眠师都要把家过好，把日子过好的初衷。

作为一名得觉催眠师，严私德就是要带头严以修身，加强自我修养。如何立德修身？要多积尺寸之功，坚持每日三省吾身，少一些自以为是的"自我设计"，多一些德性与能力双修的自我磨砺；要不断强化自我约束、自我控制的意识和能力，做到"心不动于微利之诱，目不眩于五色之惑"。作为得觉催眠师，要经常扪心自问："为什么要成为得觉催眠师？自己还有哪些方面需要提升和改进的？"学会向心提问，心中自会有答案。

伟大的催眠大师艾瑞克森共情被催眠者，有时候一句话不说，只是一个眼神就能让被催眠者泪流满面，这是他人格的魅力，而不是什么催眠技术的神奇功效。他的包容、仁慈、接纳，都是德层面的东西，是他自然品格的彰显。他是催眠界的泰斗，也是我们得觉催眠师学习的榜样。

总之，"国无德不兴，人无德不立"。得觉催眠师的成长过程，我们认为，按照德—道—术的路径成长是比较科学的。德为做人的根本，道为理论基础，术为催眠技术运用，其中德是首要的，也是最重要的。同样，古人讲有"三不朽"，这三不朽是立德、立功、立言，可见立德是居于首位，它强调的是德对于做事、做学问的基础性、前提性的作用。

作为一名合格的得觉催眠师，我们要时刻铭记"养大德者方可成大业""修德是人一生中的大事"的教诲，自觉把德性修炼作为终身课题，在工作和生活中，不断积累读己识人的能力，不断增长得觉的力量，确认自己就是得觉人。

第四节　得觉催眠师的伦理素养

由于催眠是以心理暗示的方式直接给予对方心理学的协助，就更加要求每一名掌握催眠技术的人必须要以严谨的科学态度、负责的专业精神，在充分尊重、理解、接纳每一名被催眠者的基础上，合理使用催眠技术为被催眠者提供陪伴与协助。目前有关得觉催眠师的伦理守则，还没有形成最终的文字和制度规范，可学习借鉴现行行业惯例和国家有关规定，不断提升个人的伦理素养。

一、催眠伦理的界定

所谓伦理，就是指在处理人与人、人与社会关系时应遵循的道理和准则，是指一系列指导行为的观念。它深刻蕴涵着依照一定的原则来规范行为的做人道理。催眠伦理就是指催眠界应遵循的道理和准则，这些道理和准则规范约束着催眠师的行为。

二、目前国内催眠界的乱象

1. 催眠神秘化

很多人对催眠缺乏充分的认识，把催眠看成是一种很神秘的东西，甚至把催眠和邪术联系在一起。公众对催眠的认识不够，催眠界的人士也鱼龙混杂，很多人为了炫技而过分追求催眠的效果，给催眠蒙上了神秘的面纱。瞬间催眠、街头催眠、催眠舞台表演等假如不加以科学地解释，就会使越来越多的人对催眠产生怀疑、排斥和害怕的心理。

2．过度包装和宣传

过度包装的一个突出现象就是催眠大师"满天飞"。目前催眠界存在很多的"大师"，因为"大师"称号能提高催眠师的"威望"，使其获取更多的名和利。现在催眠界的很多"大师"基本上是自封的，而非行业公认，所以造成了大师"满天飞"的现象。这些现象严重影响了人们对催眠师的看法，也影响了整个催眠行业的发展。

3．催眠培训费用高

催眠界的催眠培训班五花八门，共同的特点是费用高。很多催眠师给他人培训的收入远远高于给被催眠者做催眠的收入，这是极不正常的现象。需要催眠师思考和反省："学习好催眠的真正目的是什么？"

4．催眠无所不能

催眠能深入人的潜意识帮助人们解决深层次的心理问题，但并不是无所不能的，这包含催眠术本身、催眠师以及被催眠者的局限性。催眠师在使用催眠术的过程当中要把握好度，同时也要让被催眠者了解催眠的局限性。

5．催眠认证需要规范

在欧美等催眠行业发展好的国家，催眠师认证一般都是由专业协会颁发的。在美国就须有五年的从业经验，同时要满足其他相关条件，才能成为一名合法的催眠师。而目前国内的催眠师基本上是速成的，仅需三到五天的培训，就可以让一个零基础的普通人拿到所谓的"国际权威认证"，这急需监管规范。

三、催眠伦理原则

1. 知情同意原则

知情同意原则是指被催眠者有权利了解一些与催眠相关的具体情况，以及催眠关系、催眠的过程和本质、收费情况和被催眠者的权益等。催眠师在给被催眠者做催眠治疗前应该让被催眠者充分了解催眠的作用和原理，为被催眠者揭去催眠的神秘面纱。

2. 保密性原则

保密性原则是催眠师要遵守的最重要的原则，是对被催眠者人格和隐私的最大尊重。催眠的过程中被催眠者会流露出更深层的东西，这些事情若不被保密，会对被催眠者造成很大的伤害。不管是被催眠者的个人资料、倾述的内容，还是自己往来的信件、测试材料等，均需要做好保密处理工作。

3. 规范操作原则

催眠师要严肃认真地对待催眠，严格按照催眠的步骤和程序来帮助被催眠者。催眠师不但要有一定的道德品质，还需要有一定的心理学、医学、教育学等专业知识。在没有经过严格的催眠理论和技术学习、取得催眠师专业认证资格和积累一定实践经验前，不能随便给来访者施术，更不能胡乱收费。

4. 感情限定原则

由于在催眠的过程当中，催眠师与被催眠者在心理沟通上会较为接近，故而一定要把握好限度，避免失去公正判断的能力。催眠双方除了专业的催眠关系外，再无其他任何关系。不能利用工作之便牟取私利，更不能利用被催眠者对催眠师的信任做出伤害被催眠者利益的事。

5．平等尊重原则

要求催眠师公正、平等、尊重地对待每一个被催眠者，不带任何偏见和歧视。尤其在催眠过程中要尊重被催眠者意愿，更多地确认当事人的知觉，以被催眠者是解决自己问题的主要责任者，对被催眠者的看法、观点、生活习惯、认知、价值观等不评判。

四、中国催眠师伦理守则

2020年12月4日—6日，全国催眠工作者共聚安徽齐云山，举行了第四届全国催眠师大会。与会同仁聚焦于中国催眠事业的健康发展，为了更好地服务社会、造福大众，达成了如下共识。

（1）催眠同行应加强行业自律，以服务社会、造福大众为目标，以自律、善行为从业底线，致力于催眠的研究、应用与推广工作。

（2）以科学、严谨的态度，研究、应用和推广催眠，杜绝夸大和不实的宣传，努力克服神秘化、玄虚化、宗教化倾向。在宣传中不出现第一人、创始人、大师等称谓。

（3）实施催眠要最大限度地考虑被催眠者的利益和诉求，尊重被催眠者的知情同意权，保护被催眠者的安全和隐私，尊重被催眠者的人格与权利。

（4）涉及心理治疗和心理咨询，以及身心疗愈的催眠工作，应该自觉遵循有关的医学、心理治疗和咨询的法律和伦理规范要求。

（5）催眠表演要遵守有关法律，保护被催眠者的身心安全。

（6）提倡以严谨、科学的态度，开展催眠理论研究与实践创新。在研究中，要采取科学规范的手段，比如大样本、有效率分析、双盲、前测后测、实验可重复、可比较等。研究成果要通过学术期刊发表论文或申报实用新型专利来确认。

五、美国催眠师学会伦理守则

1．一般守则

（1）永远以被催眠者的身心益处为第一考虑。

（2）尊重被催眠者的人身权利及个人愿望。

（3）避免任何可能造成性骚扰疑虑的行为。

（4）按照自己所受训练及自己能力范围使用催眠，不可有所逾越。

（5）严禁做内容不实的广告。

（6）了解自己领域的局限性，尊重其他专业领域。

（7）尊重其他催眠治疗师。

2．操作守则

（1）建立并保存催眠记录。

（2）利用催眠帮助被催眠者戒除不良习惯，加强学习能力，增强记忆及专注，建立信心，减少恐惧，促进运动能力，以及其他帮助社交、教育等医疗行为的改善。除非会员经过其他训练，不可逾越此范围。

（3）诱导催眠绝不可使用具有伤害性的手段及方法。

（4）舞台催眠表演必须谨慎，充分尊重并礼遇每一位自愿参加者。在唤醒之前给予正面积极的暗示，严禁用惊吓的方式唤醒对方。在唤醒前必须解除不必要的暗示。

（5）年龄回溯必须由受过特殊训练者实施。

（6）不可对被催眠者使用幻觉、惊吓、可怕、猥亵、羞辱以及与性有关的暗示，不可突然改变被催眠者的情绪。

（7）催眠后暗示：正面的催眠后暗示须符合被催眠者的需要。如要给予被催眠者无法被其他人催眠的后暗示，系被催眠者的权益。除非被催眠者主动要求，否则不可为之。

（8）遵守伦理道德规范，了解催眠师对于被催眠者、同行、社会应尽之专业责任，传播正确的催眠理念。当其他专业人士表现出对催眠的不同看法时，要保持专业人士应有的风范。

最后，衷心地希望每一位学习得觉催眠的朋友，在认真学完得觉自我理论之后，能注重加强自身能力和德性修炼，严格遵守职业道德和行为规范，与被催眠者一起探索生命的奥秘，不断增智开慧，迎接灿烂的未来。

附　录

典型案例一　得觉催眠治疗术前恐惧症

一、基本情况

患者，性别女，六十四岁，需要做视网膜的手术。患者进入手术室后，护士用碘酒消毒，准备给她注射麻药。就在局部消毒的皮肤接触消毒液的一瞬间，因为冰冷的感觉，患者紧张得休克了，血压也显示异常，身体开始发颤，整个身体软塌了下来，这次手术就此中断。两个月后，因为再不做手术，她有可能完全失明，所以患者还是下决心去做手术。医生同样按照流程进行检查，再一次把她送入手术室，还没有上手术台，患者又晕倒过去。手术室的环境和术前准备就已经让她紧张得没办法面对，第二次手术还未开始，便已结束。又过了几个月，患者的孙女邀请得觉催眠师去给患者做一次手术前的催眠。

二、催眠师观察

催眠师应邀来到患者所在病房。这是一间八人间的大病房，医生护士来回查房，患者们都在讲述自己的病情，此时此刻老人所处的环境嘈杂，背景复杂。这时手术室已经通知老人准备进入手术室，老人收到通知后身体僵直地躺在床上，双目紧闭，双手握拳拽着被单，整个身体处在紧张、焦虑和恐惧中。此刻的环境并不利于进行催眠。催眠师叫了声"婆婆"，她有气无力、爱理不理地看了催眠师一眼。

三、催眠过程——二十二分钟完成四次催眠

第一次"催眠—唤醒—催眠"：寻找体感中心。

得觉催眠强调要知晓被催眠者的体感。催眠师进入病房后俯身在老人耳边轻声低语，一手轻轻抓住老人左手小指。老人直视催眠师的眼睛后，顺利导入催眠，不到一分钟，老人眼神开始迷离。催眠师通过"催眠—唤醒"确定了老人的体感中心位置，也就是紧张时会出现的生理症状——头晕、胸闷。再次导入催眠时，催眠师让老人用手掌压在胸口，而催眠师的一只手掌压在其额头。此时，老人脸颊紧绷的肌肉再度松弛下来。

第二次"唤醒"：确认催眠后才能手术。

鉴于不确定老人进入手术室后是否会再次紧张，催眠师在五分钟后再次把她唤醒。同时暗示老人到医院是为了进行手术，观察到老人眉头紧蹙。此刻，催眠师确认老人必须在催眠状态下才能完成手术。

第三次"催眠"：寻找最勇敢的时光。

记忆回放，画面覆盖。第三次催眠后，催眠师有意识地引导老人回忆过去，寻找她一生中最勇敢最自信的时光。十三岁时，她是篮球队的后卫。那一年她参加乒乓球比赛，得了亚军。也是那一年，她和几个同学翻山越岭去县城考上了中学。催眠师不断强化老人十三岁时勇敢自信的画面，以之覆盖当下病房中正准备前往手术室的画面。定格画面后，催眠师发现老人的潜意识还需要支持。通过催眠状态下的对话发现，"爸爸"这个角色，能够给予老人坚实的力量。

第四次"唤醒—催眠"：完备手续准备手术。

催眠的最高境界不是睡着，而是让被催眠者睁着眼睛，意识糊涂，在清醒的状态下不受干扰专注地完成事情。上午十点，催眠师再次将老人唤醒，准备术前

手续。手术出发前，再次将老人导入催眠状态，此时老人并未合上眼睛，而是一路轻松地与催眠师轻声私语。进入电梯前，催眠师躬身在老人面前问："我是谁？""爸爸！"老人不假思索脱口而出。这是催眠师最后一次确认：老人还处在催眠状态中。

得觉催眠特点解析：在本案例中，第一次催眠通过抓住老人左手小指带入，凝视老人眼睛作为辅助；第二次催眠依托老人体感带入，观察老人呼吸作为辅助；第三次催眠凭借画面带入，暗示性语言作为辅助；第四次催眠则通过拉手、体感、语言、呼吸共同带入，并连接关键词"爸爸"作为面对手术恐惧的唤醒词，一旦确定连接成功立刻唤醒。那么如何判断连接是否成功呢？时时注意老人眼神，只要重复同一个词时，老人眼睛一亮，就成功了。

四、本催眠案例中的理论分析

得觉自我理论从一个全新的角度阐述了被催眠者的"自"和"我"的对话，通过深度分析被催眠者的"自"和"我"，能够准确抓住催眠的切入点。在本案例中，紧张状态下的老人正处在自我纠结中，她的"自"不断生"念"，而且是与手术有关的恐怖的"念"，并让"我"感知到。"自"还不断将"念"转化成画面，播放给"我"看，"我"看到这些恐怖画面时，全身肌肉开始僵硬、出汗、心跳加快、大脑血管痉挛、供血不畅。生理反应越强烈，越容易产生更为恐怖的"念"，成为一个恶性循环。

在催眠老人之前，催眠师做的第一步是让她把"我"的感觉转移，让情绪释放出来，但又不能释放完，刚好让体感消失就可以了。所以在催眠师和她一见面时就先拉手，让她莫名其妙，大脑中的"自"与"我"对话就停止，"念"就终止，等她还没缓过神，除去她潜意识的阻抗，低声告诉她："老人家，我是你女儿的朋友，我们聊聊。"接着盯着她的眼睛，给予一个指令让她闭上眼睛，带入催眠。

（老人直视催眠师的眼睛后，催眠师的催眠开始无痕迹导入。不到一分钟，老人的眼神开始迷离。）

此时的催眠师与她的"自"连接共情，一旦与"自"连接上，马上唤醒她的"我"谈事。五分钟后，老人被唤醒。这次，催眠师暗示她："你来医院是干嘛的？"想起是做手术，老人眉头紧蹙。然后再次除去体感紧张部位，"我"就舒服，当看到"我"一放松，马上带入催眠，进入"自"继续谈情（"十三岁的你浑身充满活力，十三岁的你很勇敢，十三岁的你很自信，十三岁的你天不怕地不怕。"催眠师不断强化着）。反复三次进入中度催眠状态，"我"简化成单一角色，"自"唤醒给予单一指令，只有单一"念"。

这时嫁接适合患者的关键词，以之作为患者面对手术恐惧的唤醒词，让"自"记住并转化为"念"的一部分，并及时唤醒让"我"也记住，使之成为唤醒"自"的指令词，整个催眠过程完成，老人将在手术完成后自动从催眠状态中出来。（催眠师问："十三岁时是谁带你们翻山越岭去考试？""同学的爸爸。"催眠师应和："有个爸爸支持你一定很好！"闭着眼的老人开心地笑起来，催眠师又问："现在的你是十三岁时的你，我是谁？"老人毫不迟疑地回答："爸爸！"此刻，老人进入手术室的最佳时机到了。）

在今后的生活中，这个关键词还可以成为患者面对其他挑战时的唤醒词，每次遇到让自己紧张的事件，她都会自动运用。这已经成为她习得的程序，成为一种抗挫的能力。这就是得觉"自我理论"在催眠中带来的神奇效果。

典型案例二 得觉催眠治疗某警察地震创伤

"5·12"汶川地震有很多的人因为惊吓或者亲人离开,进入一个创伤应激状态。这种创伤的心理修复有很多的方式,但不得不说,催眠是其中非常有效快速的方法之一。得觉催眠更是在生命层面引导人去面对和迅速地接受这个现状,让自己内心整合,重新燃起生活的动力,前行。这是一个有效的生活和生命层面的催眠引导。

一、背景情况

求助者是一位警察,地震发生时他在二楼,他的妻子在三楼,他们在同一个警察局里上班。第一轮地震后警察局的二楼就变成了一楼,这位警察快速地从窗户里跳了出来,他使劲地叫他的妻子,妻子在上面答应着往楼梯口跑,他说:"跳下来。"还没有说完,整栋楼就塌陷了下去,妻子就被坍塌的楼房掩埋在深处。他只能听见妻子的声音,但没有任何工具可以将大块大块的水泥挪走。妻子在下面和他说着话,一天过去了,两天过去了,他还必须不停地抽出时间去援救其他的伤病员和处理灾区的其他事,有空就跑回来和妻子说说话。第三天过去了,妻子说话的声音越来越弱,没有办法,他就这么等到了第七天。到第八天,重型挖掘机才开到他们那栋楼。挖掘整整进行了两天,妻子没有生还。整个这七天的对话和想象的画面,对这位警察造成了极大的心理创伤。

在催眠师见到他之前,已经有九位心理专家与他进行过对话,但他都没有和他们做任何的交流,只是默默地在那里呆坐着,大概十几分钟就会离开。他不愿意和任何人交流,只是全身心地投入营救工作。

二、催眠师观察情况

催眠师见到他的时候已经是第十五天了。他大约一米七的个子，很瘦很黑，头发也很乱，衣着还很整洁，但是眼神是迷茫的、呆滞的。人显得很亢奋，不是没有精神，而是显得相当地亢奋，可以感受得到这是一个人高度紧张时的一种应激状态。（他这样下去会出问题的，催眠师要做的就是对他做一个放松，让他感受得到生命的另外一种现象。）

三、催眠过程

催眠师让他坐在对面，用双手捂着他两个耳朵，不让他听见声音，或者让声音减弱。两手用力地抓住他的头部，让他的眼睛看着催眠师的眼睛。催眠师用眼神与他对视整整三分钟，一句话都没有，就用眼睛，用真诚，用一种博大的信任和爱的能量去松动和融化他。三分多钟过去了，他眼睛开始慢慢地湿润，身体慢慢地柔软下来，因为催眠师用双手一直使劲地往上提着他，他坐在椅子上，脖子一直往上提着，他头顶着天，眼睛离催眠师很近、很近。直到这个眼神朦胧了、模糊了、湿润了、松软了，他的整个身体才松软了下来。催眠师让他站了起来，从后面使劲地抱了抱他，他一下瘫软了下来，开始大哭。

十五天，他没有流过一滴眼泪，就在那一瞬间，一个坚强的一直处于亢奋的男人软了下来，松动了下来。催眠师让他躺在了地上，拿了一床被子盖在他身上，对他说："我就在你身旁，好好地睡一觉。"有个被子能够盖在他身上就已经很好了，这个被子也是铺满了灰尘。催眠师抖了抖，放在他身上，用一个大的石块垫着他的头部，催眠师就盘腿坐在他身边。左手托着他的右手，轻轻地摇晃着，给予他力量。告诉他生命值得拥有，应该为了他的妻子好好地活下去，活出个模样。他已经做了能做的一切，我们希望妻子能够在天上保佑他，妻子永远在他的心里，并没有离开。妻子已经融化在他的骨髓和细胞中，一直给予他力量，给予他爱，给予他继续活下去的斗志和力量。

他就这么躺了十五分钟，这十五分钟就相当于睡了十五个小时。十五分钟后，催眠师把他唤醒了，因为睡在地上不宜太久。十五分钟以后再睁开眼睛，他整个人变了个样，眼睛开始灵动了，身体开始松软了，有活力了。

他对催眠师说："谢谢老师，我明白了，我懂了，我应该照顾好自己，为了自己的小孩儿，为了一直保佑我的妻子。"

典型案例三　得觉催眠治疗老妈妈地震心理创伤

一、基本情况

第二个治疗地震创伤的典型案例，是都江堰一个七十多岁的老妈妈。在地震中，她的两个儿子都离开了，还有一个儿媳妇也离开了，只剩一个儿媳妇和两个孙子。老妈妈一直不说话，已经有差不多二十天了，只是默默地流泪，一句话都不说。前前后后已经去了很多的志愿者、医务工作者、社区工作者，还有心理专家帮扶她。老妈妈既不说话，也不理睬人，无论为她做什么，她都不理睬人。

二、催眠师观察

老妈妈坐在帐篷里的床上，背北朝南坐着，呆呆地坐在那里。媳妇就在帐篷另一侧忙碌着收拾一些东西，大家都没有表情。这个时候地震已经过去二十多天了，她一直憋着不说话，说明内心很苦很苦。苦，不一定要说出来，人们一直会有一个误区，觉得要把苦倾诉出来就会好一点。其实并不然，一个人能够将苦化成力量，将苦变成自己的滋养和动力，她就会完全不一样。

三、催眠过程

催眠师到来之后什么都没说，直接上去坐在老妈妈的对面，打个盘腿，把老妈妈的两个手一抓，抖了一下，实际上这就是一种瞬间的催眠。老人家还没有回过神来，催眠师就把手一扔，说："跟着我一起做。"催眠师左右手交叉，一只手用大拇指点着中指做成莲花手，一只手大拇指点着食指朝下，当左手朝上，右手就朝下，右手朝上的时候是点中指，点中指的手朝上，点食指的手朝下，嘴里不停地念唵，阿，吽，这是非常重要的三个音节。"吽"表示天的声音、宇宙的声音；"阿"表示人间的声音；"唵"是一种能量的散放过程。催眠师此时说："跟着念，唵、阿、吽。跟着比，跟着念，跟着做。"

不同于此前的咨询师或者帮助者上去轻言细语地去关照她、关爱她的方式，他们首先就已经形成了"你"和"我"的对立角色。催眠师则是直接进入亲人角色，把手一拉，坐在她身边，眼睛看着她，手上做着动作。老妈妈就跟着催眠师，手不停地做。手不停地做实际上是一种释放，同时可以将胸口堵着的感觉给释放出来。

大概三分钟过去了，一直在做，催眠师看见她脸部已经开始松动了，催眠师说："大声点。"老人家开始大声念，催眠师说："再大声点儿。"老人家念得更大声。催眠师说："再大声点。"实际上不用哭，她只要能够大声地说出来，唵、阿、吽，就这么一直做下去。这个时候，催眠师看见老人家的整个身体松动下来，他把左手放在胸口，右手搭在左手上，同时让老人的左手也放在胸口，右手搭在自己的左手上，压住胸口。此时催眠师过去拥抱了一下老人，说："一切都会好的，我们都和你在一起。"老人家趴在催眠师的肩上哭了，当哭声到一分钟左右的时候说："好了，一定要振作起来，为了自己，为了儿孙，为了天上的两个儿子，我们也得振作地活出个人模人样来。"她说："好的。"

整个过程运用了很多的得觉催眠的技巧，大家可以结合本书的内容加以分析。

参考文献

[1] 爱因斯坦. 相对论　一部开启现代科学与哲学思维模式的书　全新修订版[M]. 易洪波，李智谋，译. 南京：江苏人民出版社，2011.

[2] 达照. 永嘉禅讲座[M]. 北京：中国人民大学出版社，2009.

[3] 格桑泽仁. 得觉[M]. 成都：四川大学出版社，2018.

[4] 格桑泽仁，王英梅. 得觉咨询[M]. 成都：四川大学出版社，2020.

[5] 格桑泽仁. 你正在被催眠[M]. 成都：四川大学出版社，2016.

[6] 格桑泽仁. 聪明人都在用的催眠术[M]. 长沙：湖南文艺出版社，2011.

[7] 格桑泽仁. 正能量修习术[M]. 北京：印刷工业出版社，2012.

[8] 吉利根. 艾瑞克森催眠治疗理论[M]. 北京：世界图书出版公司北京公司，2007.

[9] 李春才. 医用静功学[M]. 天津：天津科学技术出版社，1995.

[10] 张登本，孙理军. 全注全译黄帝内经　上　素问[M]. 北京：新世界出版社，2008.

后 记

得觉路喜，悦相随。当我落下最后一段文字的刹那，从"自"的美妙流动中切换到现实的"我"，仿佛从一场奇妙的旅程中归来，身心在淡淡舒爽与愉悦的感觉中被唤醒，这时我才意识到这本书的撰写，不仅是一次全身心多角度体验得觉催眠巧妙艺术的精神品鉴之旅，也是一次根植中华优秀传统文化深入研讨得觉催眠理论体系的学术创新之旅，更是一场坚持自我唤醒、自我蜕变、始终永葆自我革命精神的心灵成长之旅。

喜悦相随，觉自通。在本书撰写之初，我就抱持着一个美好愿景：要以高校教师的拳拳赤子之心，将毕业所学所悟并经大量实践和亲证的"得觉催眠"这门独创而又神秘的技艺和方法，以科学、理性而又充满人文关怀的学术形式呈现给亿万读者。在这个愿景激励下，我坚持用得觉独有的理论和视角，深刻揭秘催眠的本质和神奇力量，让"催眠"这个在许多人眼中或许仍带有些许神秘色彩的舶来词，焕发出中华优秀传统文化和得觉文化独有的生机。我们已经知道，得觉催眠来源于生活，也必将从多维度融入生活。得觉催眠不仅能够帮助人们认识自我、缓解压力、调整情绪、改善睡眠、提升心理素养，更能在心理治疗、潜能开发、身心康复等诸多领域发挥重要作用。

随觉自通，明心性。在本书撰写过程中，我不仅深入研究催眠的历史渊源、理论基础、技术流派以及实际应用案例，还试图通过朴实生动的语言和一个个详实的案例，让广大读者能够直观感受到得觉催眠的魅力与力量。同时，我也时刻提醒自己要始终保持谦虚谨慎与敬畏之心，因为得觉催眠的世界深邃无垠，每一次探索都可能是对未知边界的触碰。此外，我也深刻体会到，得觉催眠并非万能"良药"，它需要正确的引导与运用，才能发挥其最大的效用。因此，在本书中，不仅介绍了得觉催眠的技术与方法，更强调了得觉催眠师应具备的职业道德、专业素养以及人文情怀。希望读者们通过阅读和学习这本书，能够以正确的方式了解、学习并运用催眠，为自己及他人的生活带来积极的改变。

通明心性，显得觉。感谢四川大学给予我丰富多彩的四十余年的教育教学经验和人生历练，感谢所有在这本书创作过程中给予我支持与帮助的人。感谢王英梅、王悦、何景洋、叶哲彦、贺瑞婷、陈晓凤、牛津以及上海交通大学出版社的编辑们为本书出版所做的大量工作。

得觉心觉，智慧生活。伴随着《让催眠走进生活——你不知道的得觉催眠》这本书稿的交付，我也将正式退休，告别高校教师的职业生涯，全面开启新一轮的生命探索与得觉分享之路。